国家高技能人才培训基地系列教材

电工电子技术

DIANGONG DIANZI JISHU

主　编 ◎ 樊伟平　刘娴芳

副主编 ◎ 刘倩玲　曾庆乐　潘玉娟

参　编 ◎ 陈琨韶　马　涛　何　波　陆志强
　　　　　江吴芳　吴小聪　林秋娴

主　审 ◎ 苏国辉

暨南大学出版社
JINAN UNIVERSITY PRESS

中国·广州

图书在版编目（CIP）数据

电工电子技术/樊伟平，刘娴芳主编；刘倩玲，曾庆乐，潘玉娟副主编 . —广州：暨南大学出版社，2016.12

（国家高技能人才培训基地系列教材）

ISBN 978 - 7 - 5668 - 1868 - 3

Ⅰ . ①电… Ⅱ . ①樊… ②刘…③刘…④曾…⑤潘… Ⅲ . ①电工技术—高等职业教育—教材 ②电子技术—高等职业教育—教材 Ⅳ . ①TM ②TN

中国版本图书馆 CIP 数据核字（2016）第 125182 号

电工电子技术

DIANGONG DIANZI JISHU

主编：樊伟平　刘娴芳　副主编：刘倩玲　曾庆乐　潘玉娟

出 版 人：徐义雄
责任编辑：黄文科　林冬丽
责任校对：黄　颖
责任印制：汤慧君　周一丹

出版发行：暨南大学出版社（510630）
电　　话：总编室（8620）85221601
　　　　　营销部（8620）85225284　85228291　85228292（邮购）
传　　真：（8620）85221583（办公室）　85223774（营销部）
网　　址：http://www.jnupress.com　http://press.jnu.edu.cn
排　　版：广州市天河星辰文化发展部照排中心
印　　刷：深圳市新联美术印刷有限公司
开　　本：787mm×1092mm　1/16
印　　张：14
字　　数：300 千
版　　次：2016 年 12 月第 1 版
印　　次：2016 年 12 月第 1 次
定　　价：38.00 元

（暨大版图书如有印装质量问题，请与出版社总编室联系调换）

总　序

　　国家高技能人才培训基地项目，是适应国家、省、市产业升级和结构调整的社会经济转型需要，抓住现代制造业、现代服务业升级和繁荣文化艺术的历史机遇，积极开展社会职业培训和技术服务的一项国家级重点培养技能型人才项目。2014 年，广州市轻工技师学院正式启动国家高技能人才培训基地建设项目，此项目以机电一体化、数控技术应用、旅游与酒店管理、美术设计与制作 4 个重点建设专业为载体，构建完善的高技能人才培训体系，形成规模化培训示范效应，提炼培训基地建设工作经验。

　　教材的编写是高技能人才培训体系建设及开展培训的重点建设内容，本系列教材共 14 本，分别如下：

　　机电类：《电工电子技术》《可编程序控制系统设计师》《可编程序控制器及应用》《传感器、触摸屏与变频器应用》。

　　制造类：《加工中心三轴及多轴加工》《数控车床及车铣复合车削中心加工》《Solid-Works 2014 基础实例教程》《注射模具设计与制造》《机床维护与保养》。

　　商贸类：《初级调酒师》《插花技艺》《客房服务员（中级）》《餐厅服务员（高级）》。

　　艺术类：《广彩瓷工艺技法》。

　　本系列教材由广州市轻工技师学院一批专业水平高、社会培训经验丰富、课程研发能力强的骨干教师负责编写，并邀请企业、行业资深培训专家，院校专家进行专业评审。本系列教材的编写秉承学院"独具匠心"的校训精神、"崇匠务实，立心求真"的办学理念，依托校企合作平台，引入企业先进培训理念，组织骨干教师深入企业实地考察、访谈和调研，多次召开研讨会，对行业高技能人才培养模式、培养目标、职业能力和课程设置进行清晰定位，根据工作任务和工作过程设计学习情境，进行教材内容的编写，实现了培训内容与企业工作任务的对接，满足高技能人才培养、培训的需求。

　　本系列教材编写过程中，得到了企业、行业、院校专家的支持和指导，在此，表示衷心的感谢！教材中如有错漏之处，恳请读者指正，以便有机会修订时能进一步完善。

广州市轻工技师学院

国家高技能人才培训基地系列教材编委会

2016 年 10 月

前　言

　　本书根据中、高职院校及高技能外培教育的特点，遵循"以全面素质为基础、以就业为导向、以能力为本位、以学生为主体"的职教改革思路，以"够用、实用"为原则，并注重学生职业道德素养方面的培养，语言通俗易懂，图文并茂，可操作性强，具有较强的科学性、实用性和趣味性。

　　本书以实用的电工电子技术为载体，采用"项目驱动"的教学模式，通过"理—实"结合来实现教学目标。教学过程中，充分体现"做中学、学中做"的教学特色，将枯燥的理论与有趣的实践紧密结合起来。

　　本书共分五个学习模块，包括直流电路、电磁电路、交流电路、电子电路和电工电子综合应用。其中电子电路模块融入了模拟电子技术、数字电子技术的基本知识、基本技能和基本分析方法；电工电子综合应用模块综合前四个模块的知识，并融合实用的项目，供爱好者进行学习及模仿设计。此外，本书在个别学习模块中还设置了"知识拓展"环节，适合不同层次的学生及电工电子爱好者学习。

　　本书由广州市轻工技师学院的樊伟平、刘娴芳主编，负责全书的统稿。其中，直流电路与交流电路部分由刘倩玲负责编写；电磁电路部分由樊伟平负责编写；电子电路部分由刘娴芳负责编写；电工电子综合应用部分由曾庆乐负责编写；资料及电子课件的整理由潘玉娟负责编写。参与编写的还有广州市轻工技师学院的陈琨韶、马涛、何波、陆志强、江吴芳、吴小聪、林秋娴等。本书由苏国辉主审，李乃夫、周玲在本书的编写上也提出了许多宝贵的意见和建议，在此，编者对众人的付出表示衷心的感谢！

　　本书配备有课后习题及答案等教学资源，可作为中、高职院校电工类专业教学用的教材、电工类培训用的资料，也可供电工电子爱好者及从事相应工作的技术人员参考。

　　由于编者水平有限，书中难免存在疏漏和错误，恳请广大读者批评指正，以便进一步完善教材。

编　者

2016 年 10 月

目 录
⟫ CONTENTS

直流电路

任务 ① 电路与电路图

学习目标

（1）了解电路的基本组成和基本功能。

（2）了解电路图的基本类型。

（3）能说出电路图中常用电路元件符号的含义。

学习内容

一、电路及电路的组成

如图 1-1 所示，当合上开关，电路中就有电流通过，手电筒中的灯泡就亮起来；在日常的生活中，电风扇通过开关、导线和电源接通时，有电流通过，电风扇就转起来。这种把各种电气设备和元件，按照一定的连接方式组成的电流通路称为电路。

电路：电流所流经的路径即为电路。

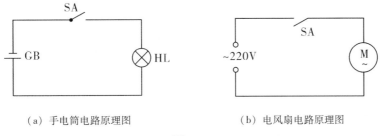

（a）手电筒电路原理图　　　　　　　（b）电风扇电路原理图

图 1-1

电路的组成：由电源、负载和中间环节（即导线和开关）等基本部分组成。

1. 电源

电源是电路中产生电能的设备。发电机、蓄电池、光电池等都是电源。发电机是将机械能转换成电能，蓄电池是将化学能转换成电能，光电池是将光能转换成电能。

2. 负载

负载是将电能转换成其他形式能量的装置。电灯泡、电炉、电动机等都是负载。电灯泡是将电能转变成光能，电炉是将电能转变成热能，电动机是将电能转变成机械能。

3. 导线和开关

导线是用来连接电源和负载的元件。开关是控制电路接通和断开的装置。

电路中根据需要还装配有其他辅助设备，如测量仪表用来测量电路中的电量，熔丝用来执行保护任务。

二、电路图

用电气设备的实物图形表示的实际电路。电路图很直观，但画起来很复杂，不便于分析和研究。因此，在分析和研究电路时，总是把这些实际设备抽象成一些理想化的模型，用规定的图形符号表示，画出其电路模型图。

电路图：用统一规定的图形符号画出的电路模型图称为电路图。

表 1-1 常用的电路元件符号

图形符号	文字符号	名称	图形符号	文字符号	名称
	S 或 SA	开关		HL	指示灯、信号灯
	GB	干电池		C	电容器
	R	电阻器		PW	功率表
	RP	电位器		PV	电压表
	VD	二极管		PA	电流表
		架空导线		X	端子
		焊接导线			接地
		接机壳		L	电感器、线圈、绕组
	FU	熔断器		L	带磁心的电感器

三、电路的工作状态

1. 通路

通路就是电源与负载接成的回路，也就是图 1-1 所示电路中开关合上时的工作状态，这时电路中有电流通过。必须注意，处于通路状态的各种电气设备的电压、电流、功率等数值不能超过其额定值。

2. 断路

断路就是电源与负载未接成闭合电路，也就是图 1-1 中开关断开时的工作状态，这时电路中没有电流通过。在实际电路中，电气设备与电气设备之间、电气设备与导线之间连接时的接触不良也会使电路处于断路状态。断路又称开路。

3. 短路

短路就是电源未经负载而直接由导线（导体）构成通路。短路时，电路中流过比正常工作时大得多的电流，可能烧坏电源和其他设备，所以，应严防电路发生短路。

任务 2   电流与电压

学习目标 ▶▶

（1）理解电流、电压的参考方向和实际方向的概念。

（2）理解电流、电压、电位的概念。

学习内容 ▶▶

一、电流

1. 电流的形成

电流：电荷的定向运动称为电流。

在金属导体中，电流是电子在外电场作用下有规则地运动形成的。在某些液体或气体中，电流则是正离子或负离子在电场力作用下有规则地运动形成的。

2. 电流的方向

在不同的导电物质中，形成电流的运动电荷可以是正电荷，也可以是负电荷，甚至两者都有。

电流方向：规定以正电荷移动的方向为电流的方向，如图 1-2 所示。

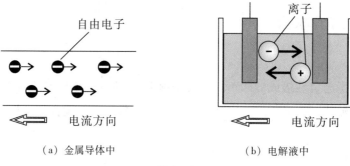

（a）金属导体中　　　　　　　　（b）电解液中

图 1-2

在分析或计算电路时，常常要求出电流的方向。但当电路比较复杂时，某段电路中电流的实际方向往往难以确定，此时可先假定电流的参考方向，然后列方程求解。当解出的电流为正值时，就认为电流方向与参考方向一致；反之，当电流为负值时，就认为电流方向与参考方向相反。

3. 电流的大小

电流的大小取决于在一定时间内通过导体横截面的电荷量的多少。在相同时间内通过导体横截面的电荷量越多，表示流过该导体的电流越强；反之越弱。

通常规定用单位时间（1s）内通过导体横截面的电量来表示电流的大小，以字母 I 表示。若在 t 秒钟内通过导体横截面的电量是 q，则电流可用下式表示：

$$I = q/t \qquad\qquad (1-1)$$

电流单位的名称是安培，简称安，用符号 A 表示；电量单位的名称是库仑，简称库，用符号 C 表示。若在 1s 内通过导体横截面的电量为 1C，则电流强度就是 1A。

电流的单位还有 kA、mA、μA，其换算关系是：

$$1kA = 10^3 A \quad 1A = 10^3 mA \quad 1mA = 10^3 \mu A$$

电流分直流电流和交流电流两大类。凡大小和方向都不随时间变化的电流，称为稳恒电流，简称直流（简写作 DC）；凡大小和方向都随时间变化的电流，称为交变电流，简称交流（简写作 AC）。

一个实际电路中的电流大小可以用电流表来测量。测量直流电流时必须把电流表串联在电路中，并使电流从表的正端流入，负端流出。同时要选择好电流表的量程（测量范围），使其大于实际电流的数值，否则可能损坏电流表。

例 1-1　某导体在 5min 内均匀通过的电荷量为 4.5 C，求导体中的电流是多少？

解：$I = q/t = 4.5/ (60 \times 5) = 0.015A$

二、电压

为了衡量电场力移动电荷做功的能力，我们引入电压这个物理量。

电压：电场力把单位正电荷从电场中 a 点移动到 b 点所做的功称为 a、b 两点间的电压，用 U_{ab} 表示：

$$U_{ab} = A_{ab}/Q \tag{1-2}$$

电压的单位名称是伏特，简称伏，用符号 V 表示。我们规定：电场力把 1C 电量的正电荷从 a 点移到 b 点，如果所做的功为 1J，那么 a、b 两点间的电压就是 1V。

电压常用单位还有 kV、mV、μV，其换算关系是：

$$1kV = 10^3 V \qquad\qquad 1V = 10^3 mV \qquad\qquad 1mV = 10^3 μV$$

电压的参考方向有三种表示方法：

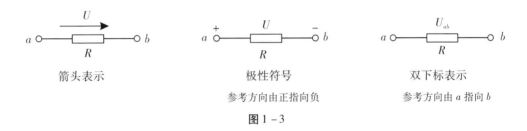

箭头表示	极性符号	双下标表示
	参考方向由正指向负	参考方向由 a 指向 b

图 1-3

三、电位

电位：某点的电位等于电场力将单位正电荷从该点移动到参考点所做的功，即该点到参考点之间的电压。

如果在电路中任选一点为参考点，那么电路中某点的电位就是该点到参考点之间的电压。

电位的符号用 φ 表示。以 O 点为参考点，则 a 点的电位为：

$$\varphi_a = A_{aO}/q = U_{aO} \tag{1-3}$$

同样，b 点的电位为：

$$\varphi_b = A_{bO}/q = U_{bO} \tag{1-4}$$

参考点的电位等于零，即 $\varphi_O = 0$，所以说，参考点又叫零电位点。高于参考点的电位是正电位；低于参考点的电位是负电位。电位的单位与电压相同，也是 V。

四、电压与电位的关系

以 O 点为参考点时，则 a 点与 b 点的电位分别为：

$$\varphi_a = U_{aO} \qquad \varphi_b = U_{bO}$$

U 表示电场力把单位正电荷从 a 点移到 O 点所做的功，在数值上等于电场力把单位正电荷从 a 点移到 b 点所做的功（U_{ab}），加上从 b 点移到 O 点所做的功（U_{bO}），即：

$$U_{aO} = U_{ab} + U_{bO} \qquad U_{ab} = U_{aO} - U_{bO} \qquad U_{ab} = \varphi_a - \varphi_b \qquad (1-5)$$

结论：电路中任意两点间的电压等于两点间的电位之差，所以电压又称电位差。

例 $1-2$　已知 $U_{CO} = 3\text{V}$，$U_{CD} = 2\text{V}$。试分别以 D 点和 O 点为参考点，求各点的电位及 D、O 两点间的电压 U_{DO}。

解：1. 以 C 点为参考点，即 $\varphi_C = 0$

$$\because U_{CD} = \varphi_C - \varphi_D$$

$$\therefore \varphi_D = \varphi_C - U_{CD} = 0 - 2 = -2\text{V}$$

$$\because U_{CO} = \varphi_C - \varphi_O$$

$$\therefore \varphi_O = \varphi_C - U_{CO} = 0 - 3 = -3\text{V}$$

$$U_{DO} = \varphi_D - \varphi_O = -2 - (-3) = 1\text{V}$$

2. 以 O 为参考点，即 $\varphi_O = 0$

$$\because U_{CO} = \varphi_C - \varphi_O \quad \therefore \varphi_C = U_{CO} + \varphi_O = 3 + 0 = 3\text{V}$$

$$U_{CD} = \varphi_C - \varphi_D \quad \varphi_D = \varphi_C - U_{CD} = 3 - 2 = 1\text{V}$$

$$U_{DO} = \varphi_D - \varphi_O = 1 - 0 = 1\text{V}$$

从上面的计算结果可见，参考点改变，各点的电位也随着改变，各点的电位与参考点的选择有关。但不管参考点如何变化，两点间的电压是不会改变的。

电路中，参考点可以任意选定。在电力工程中，常取大地为参考点。因此，凡是外壳接大地的电气设备，其外壳都是零电位。有些不接大地的设备（如电子设备中电路板），在分析其工作原理时，常选用许多元件汇集的公共点作为零电位点，即参考点，并在电路图中用符号"⊥"表示；接大地则用符号"⏚"表示，以示区别。

由式（$1-5$）可知，如果 $\varphi_a > \varphi_b$，则 $U_{ab} > 0$，表明 a 点到 b 点的电位在降低；如果 $\varphi_a < \varphi_b$，则 $U_{ab} < 0$，表明 a 点到 b 点的电位在升高。按习惯规定，电场力移动正电荷做功的方向为电压的实际方向，电压的实际方向也就是电位降的方向，即高电位指向低电位的方向，所以电压又称为电位降。

电压的参考方向有两种表示方法：第一种表示方法是用箭头表示，箭头由假定的高电位端指向低电位端；第二种表示方法是用双下标字母表示。

电压可用电压表来测量。测量直流电压时，必须把电压表并联在被测电压的两端，并使电压表的正负极和被测电压一致，同时要选择好电压表的量程。

任务 3 　电阻与欧姆定律

学习目标

（1）了解电阻的计算式。

（2）能运用"四色环电阻"的读数规则正确读出电阻值。

（3）掌握部分电路欧姆定律及全电路欧姆定律。

学习内容

一、电阻

当电流通过金属导体时，做定向运动的自由电子会与金属中的带电粒子发生碰撞。可见，导体对电荷的定向运动有阻碍作用。

电阻：反映导体对电流起阻碍作用大小的一个物理量。

电阻用字母 R 表示。电阻的单位名称是欧姆，简称欧，用符号 Ω 表示。

当导体两端的电压是 1V，导体内通过的电流是 1A 时，这段导体的电阻就是 1Ω。常用的电阻单位还有 $k\Omega$ 和 $M\Omega$，它们之间的换算关系是：

$$1k\Omega = 10^3\,\Omega \qquad 1M\Omega = 10^3\,k\Omega = 10^6\,\Omega$$

1. 电阻元件

"四色环电阻"的读数规则：所谓"四色环电阻"就是指用四条色环表示阻值的电阻。从左向右数，第一、二环表示两位有效数字，第三环表示数字后面添加"0"的个数。所谓"从左向右"，是指把电阻图像中所画的样子放置到四条色环中，有三环相互之间的距离比较近，而第四环距离稍微大一点。

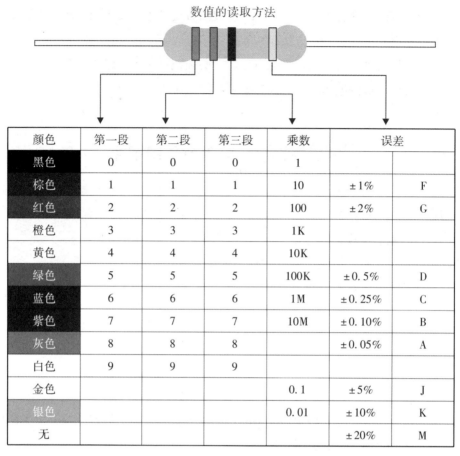

图 1-4

颜色	第一段	第二段	第三段	乘数	误差	
黑色	0	0	0	1		
棕色	1	1	1	10	±1%	F
红色	2	2	2	100	±2%	G
橙色	3	3	3	1K		
黄色	4	4	4	10K		
绿色	5	5	5	100K	±0.5%	D
蓝色	6	6	6	1M	±0.25%	C
紫色	7	7	7	10M	±0.10%	B
灰色	8	8	8		±0.05%	A
白色	9	9	9			
金色				0.1	±5%	J
银色				0.01	±10%	K
无					±20%	M

2. 电阻定律

导体的电阻是客观存在的，它不随导体两端电压大小而变化。即使没有电压，导体仍然有电阻。实验证明，导体的电阻跟导体的长度成正比，跟导体的横截面积成反比，并与导体的材料性质有关。对于长度为 L、截面为 S 的导体，其电阻可用下式表示：

$$R = \rho \frac{L}{S} \qquad (1-6)$$

式中的 ρ 是与导体材料性质有关的物理量，称为电阻率或电阻系数。电阻率通常是指在 20℃ 时，长 1m 而横截面积为 $1m^2$ 的某种材料的电阻值。当 L、S、R 的单位分别为 m、m^2、Ω 时，ρ 的单位名称是欧·米，用符号 Ω·m 表示。

3. 电阻与温度的关系

实验发现，导体的温度变化，它的电阻也随着变化。一般的金属材料，温度升高后，导体的电阻增大。这是因为温度的升高使得导体中的带电粒子的热运动加剧，自由电子在导体中碰撞的机会增多，因而电阻也就要增大。

我们把温度升高1℃时，电阻所产生的变动值与原电阻的比值，称为电阻温度系数，用字母 α 表示，单位是 1/℃。

【知识拓展】

1. 接触电阻

通常在分析电路时，都认为闭合的开关电阻为零。其实在开关接触部分总会存在一定的电阻，称为接触电阻。

2. 绝缘电阻

绝缘体并非绝对不导电，只不过它的电阻率很大，可以认为几乎不通过电流。但当温度和湿度上升、工作电压增大时，绝缘体的电阻会减小，漏电流会增大。

二、部分电路欧姆定律

图 1-5 为不含电源的部分电路。当在电阻两端加上电压时，电阻中就有电流流过。通过实验可以知道：流过电阻的电流 I 与电阻两端的电压 U 成正比，与电阻 R 成反比。这一结论称为部分电路欧姆定律。

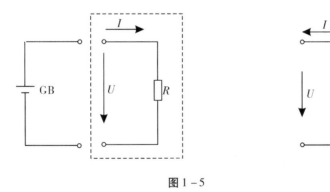

图 1-5

用公式表示为：

$$I = U/R \tag{1-7}$$

从图 1-5 中还可以看出，电阻两端的电压方向是由高电位指向低电位，并且电位是逐渐降低的。

例 1-3 将白炽灯接在 220V 电源上，正常工作时流过的电流为 455mA，试求此电灯的电阻。

解：$R = U/I = 220/455 \times 10^{-3} = 483.5\Omega$

三、全电路欧姆定律

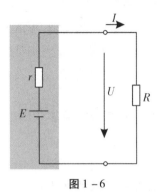

图 1 - 6

全电路：含电源的完整的电路称为全电路，如图 1 - 6 所示。

内电路：电源的内部电路称为内电路。

外电路：电源外部的电路称为外电路。

在全电路中电流强度与电源的电动势成正比，与整个电路的内、外电阻之和成反比。

$$I = \frac{E}{R + r} \qquad (1 - 8)$$

E——电动势（V） R——外电阻（Ω）

I——电流（A） r——内电阻（Ω）

由上式可得：$E = IR + Ir = U_{外} + U_{内}$

全电路欧姆定律又可表述为：电源电动势在数值上等于闭合电路中内、外电路电压降之和。

例 1 - 4 有一电源电动势 $E = 3V$，内阻 $r = 0.4\Omega$，外接负载电阻 $R = 9.6\Omega$，求电源端电压和内压降。

解：$I = E/（R + r）= 3/（9.6 + 0.4）= 0.3A$

端电压 $U = IR = 0.3 \times 9.6 = 2.88V$

内压降 $U_0 = Ir = 0.3 \times 0.4 = 0.12V$

例 1 - 5 已知电池的开路电压 $U_K = 1.5V$，接上 9Ω 的负载电阻时，其端电压为 1.35V，求电池的内电阻 r。

解：开路时，$E = U_K = 1.5V$，且已知 $U = 1.35V$，$R = 9\Omega$

所以内压降 $U_0 = E - U = 1.5 - 1.35 = 0.15V$

电流 $I = U/R = 1.35/9 = 0.15A$

内电阻 $r = U_0/I = 0.15/0.15 = 1\Omega$

任务 ④ 电功与电功率

▶▶ 学习目标 ▶▶

（1）理解电功、电功率的概念。

（2）掌握电功、电功率和焦耳热的计算方法。

学习内容 ≫

一、电功

电流流过负载，负载将电能转换成其他形式的能量（如磁能、热能、机械能）这一过程，称为电流做功，用字母 W 表示。

根据：$I = Q/t$，$U = W/Q$，$I = U/R$，可知

$$W = UQ = IUt = I^2Rt = U^2t/R \qquad (1-9)$$

U——伏（V），I——安（A），R——欧姆（Ω），t——秒（S），W——电功（J），Q——电量（C），单位：焦耳（J），在实际工作中常用单位是千瓦时（kW·h），也称为度，1 度 $= 3.6 \times 10^6$ J。

二、电功率

电流在单位时间内所做的功，称为电功率，用字母 P 表示。

$$P = W/t \qquad (1-10)$$

W——电功（J），　t——时间（s），　P——功率（W）

它们之间的换算关系是：$1kW = 10^3 W$　　　　$1W = 10^3 mW$

$$P = IU = I^2R = U^2/R \qquad (1-11)$$

使用上式时注意几点：

（1）当负载电阻一定时，由 $P = I^2R$ 和 $P = U^2/R$ 可知，电功率与电流的平方或电压的平方成正比。

（2）当流过负载的电流一定时，由 $P = I^2R$ 可知，电功率与电阻值成正比。由于串联电路流过同一电流，串联电阻的功率与各电阻的阻值成正比。

（3）当加在负载两端的电压一定时，由 $P = U^2/R$ 可知，电功率与电阻值成反比。并联电路中各电阻的功率与各电阻的阻值成反比。

有两个灯泡：（1）220V　25W（$R = 1\,936$W）→串联：25W 比 40W 亮，$P = I^2R$

（2）220V　40W（$R = 1\,210$W）→并联：40W 比 25W 亮，$P = U^2/R$

例 1-6　已知：$P = 183$W，$t = 2$h，求一年要交纳的电费。

解：耗电：$W = Pt = 183 \times 1\,000 \times 2 \times 365 = 133.59$kW·h

　　　电费：$133.59 \times 0.61 = 81.49$（元）

▶▶ 任务小结 ▶▶▶

（1）电路的主要物理量（见表 1-2）。

表 1-2

名称	符号	物理意义	国际单位制的单位名称及符号
电流	I	单位时间内通过导体横截面的电荷量 $I=\dfrac{q}{t}$	安培（A）
电压	U	电场力移动单位正电荷所做的功	伏特（V）
电位	U	电路中某点与参考点之间的电压	伏特（V）
电动势	E	电源力把单位正电荷从电源的负极移送到电源正极所做的功	伏特（V）
电阻	R	导体对电流的阻碍作用 $R=\rho\dfrac{L}{S}$	欧姆（Ω）
电功	W	电流在一段时间内所做的功 $W=UIt$	焦耳（J）
电功率	P	电流在单位时间内所做的功 $P=UI$	瓦特（W）

（2）形成电流必须具备两个条件：要有能自由移动的电荷——载流子；导体两端必须保持一定的电压，电路必须闭合。

（3）电路中任意两点之间的电位差就等于这两点之间的电压，故电压又称电位差。电位是相对的数值，随参考点的改变而改变；但电压是绝对的数值，不随参考点的改变而改变。

（4）电动势只存在于电源内部；而电压不仅存在于电源两端，也存在于电源内部。在有载情况下，电源端电压总是低于电源电动势，只有当电源开路时，电源端电压才与电源电动势相等。

（5）部分电路欧姆定律：导体中的电流与导体两端的电压成正比，与导体的电阻成反比，其表达式为：$I=\dfrac{U}{R}$。

（6）全电路欧姆定律：闭合回路中的电流与电源的电动势成正比，与电路中内电阻和外电阻之和成反比，其表达式为：$I=\dfrac{E}{R+r}$。

（7）电流所做的功称为电功，电流在单位时间内所做的功称为电功率。电源产生的电功率等于负载消耗的电功率与电源内电阻消耗的电功率之和。

任务 5 基尔霍夫定律及其应用

学习目标

（1）了解常用电路的基本术语。

（2）掌握基尔霍夫第一定律的内容，并了解其应用。

（3）掌握基尔霍夫第二定律的内容，并了解其应用。

学习内容

一、常用电路名词

（1）支路：电路中没有分支的一段电路。在同一支路内，流过所有元件的电流相等。

（2）节点：三条或三条以上支路的汇集点，也叫结点。

（3）回路：电路中任一闭合路径都称回路。

（4）网孔（独立回路）：回路平面内不含有其他支路的回路叫作网孔。

（5）网络：包含较多元件的电路。

如图 1-7（a）：支路有 6 条，节点有 a、b、c、d 共 4 个，回路有 8 个，网孔有 3 个。

如图 1-7（b）：支路有 3 条，节点有 a、b 共 2 个，回路有 3 个，网孔有 2 个。

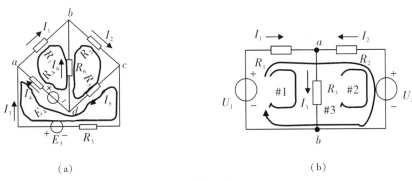

图 1-7

二、基尔霍夫第一定律（节点电流定律——KCL)

（1）节点电流定律内容描述：电路中任意一个节点上，在任一时刻，流入节点的电流之和，等于流出节点的电流之和；或在任一电路的任一节点上，电流的代数和永远等于零。基尔霍夫电流定律依据的是电流的连续性原理，如图 1 - 8。

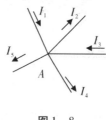

图 1 - 8

（2）节点电流定律公式表达：$\sum I$ 进 $= \sum I$ 出或 $\sum I = 0$。

当用第二个公式时，规定流入节点电流为正，流出节点电流为负。如图 1 - 8：对于节点 A，一共有五个电流经过，可以表示为：

$$I_1 + I_3 = I_2 + I_4 + I_5$$

或 $$I_1 + （-I_2）+ I_3 + （-I_4）+ （-I_5）= 0$$

（3）广义节点：基尔霍夫电流定律可以推广应用于任意假定的封闭面。对虚线所包围的闭合面可视为一个节点，该节点称为广义节点，即流进封闭面的电流等于流出封闭面的电流。

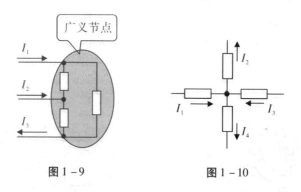

图 1 - 9 图 1 - 10

如图 1 - 9：$I_1 + I_2 - I_3 = 0$ 或 $I_1 + I_2 = I_3$

如图 1 - 10：$I_1 + I_2 - I_3 - I_4 = 0$ 或 $I_1 + I_3 = I_2 + I_4$

三、基尔霍夫第二定律（回路电压定律——KVL）

（1）基尔霍夫电压定律内容描述：在任一瞬间沿任一回路绕行一周，回路中各个元件上电压的代数和等于零；或各段电阻上电压降的代数和等于各电源电动势的代数和。

（2）基尔霍夫电压定律公式表达：$\sum IR = \sum U$

或 $\sum U = 0$。

（3）注意：常用公式 $\sum IR = \sum U$ 列回路的电压方程原则：

①先设定一个回路的绕行方向和电流的参考方向。

②沿回路的绕行方向顺次求电阻上的电压降，当绕行方向与电阻上的电流参考方向一致时，该电压方向取正号，相反取负号。

③当回路的绕行方向从电源的负极指向正极时，等号右边的电源电压取正，否则取负。

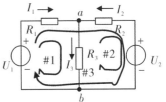

图 1 – 11

例 1 – 7　试列写图 1 – 11 各回路的电压方程。

对回路 1：$R_1 I_1 + R_3 I_3 = U_1$

对回路 2：$R_2 I_2 + R_3 I_3 = U_2$

对回路 3：$R_1 I_1 - R_2 I_2 = U_1 - U_2$

例 1 – 8　已知图 1 – 12 中的 $I_C = 1.5\text{mA}$，$I_E = 1.54\text{mA}$，求 I_B。

解：根据 KCL 可得：

$I_B + I_C = I_E$

$I_B = I_E - I_C = 1.54\text{mA} - 1.5\text{mA} = 0.04\text{mA} = 40\mu A$

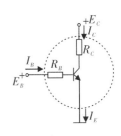

图 1 – 12

任务 ⑥　戴维南定理及其应用

学习目标

（1）理解戴维南定理内容。

（2）能应用戴维南定理分析和计算电路。

学习内容

一、戴维南定理

1. 戴维南定理内容表述

任何一个线性含源一端口网络，对外电路来说，总可以用一个电压源和电阻的串联组合来等效替代。此电压源的电压等于外电路断开时一端口网络端口处的开路电压 U_{oc}，而电阻等于一端口的输入电阻（或等效电阻 R_{eq}）。以上表述可以用图 1 – 13 来表示。

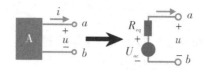

图 1 - 13

2. 戴维南定理的证明

图 1 - 14 (a) 为线性含源一端口网络 A 与负载网络 N 相连,设负载上电流为 i,电压为 u。根据替代定理将负载用理想电流源 i 替代,如图 1 - 14 (b) 所示。

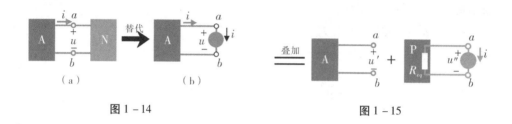

图 1 - 14   图 1 - 15

替代后不影响 A 中各处的电压和电流。由叠加定理可知,u 可以分为两部分,如图 1 - 15 所示,即 $u = u' + u''$。其中 u' 是 A 内所有独立源共同作用时在端口产生的开路电压,u'' 是仅由电流源 i 作用在端口产生的电压,即 $u' = U_{oc}$,$u'' = -R_{eq}i$,因此 $u = u' + u'' = U_{oc} - R_{eq}i$。

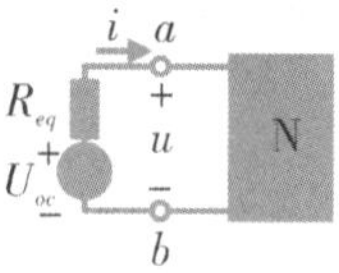

上式表示的电路模型如图 1 - 16 所示。

这就证明了戴维南定理是正确的。

3. 应用戴维南定理要注意的问题

(1) 含源一端口网络所接的外电路可以是任意的线性或非线性电路,外电路发生改变时,含源一端口网络的等效电路不变。

图 1 - 16

(2) 当含源一端口网络内部含有受控源时,控制电路与受控源必须包含在被化简的同一部分电路中。

(3) 开路电压 U_{oc} 的计算:戴维南等效电路中电压源电压等于将外电路断开时的开路电压 U_{oc},电压源方向与所求开路电压方向有关。计算 U_{oc} 时视电路形式选择前面学过的任意方法,使易于计算。

(4) 等效电阻的计算:等效电阻为将一端口网络内部独立电源全部置零(电压源短路,电流源开路)后,所得无源一端口网络的输入电阻。常用下列三种方法计算:

①当网络内部不含有受控源时可采用电阻串并联和 $\triangle - Y$ 互换的方法计算等效电阻。

②外加电源法(加电压求电流或加电流求电压)。用外加电源法求戴维南等效电阻,即 $R_{eq} = \dfrac{u}{i}$。

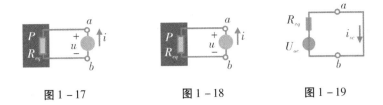

图 1 - 17　　　　　　　　图 1 - 18　　　　　　　　图 1 - 19

③开路电压、短路电流法。即求得网络 A 端口间的开路电压后，将端口短路求得短路

电流，如图 1 - 19 所示，即 $R_{eq} = \dfrac{u_{oc}}{i_{sc}}$。

以上方法中后两种方法更具有一般性。

二、戴维南定理的应用

例 1 - 9　计算图 1 - 20 所示电路中 R_x 分别为 1.2Ω、5.2Ω 时的电流 I。

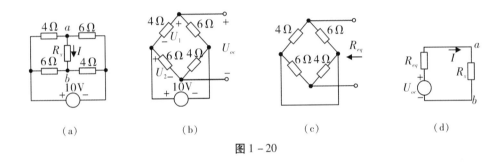

（a）　　　　　　（b）　　　　　　（c）　　　　　　（d）

图 1 - 20

解：断开 R_x 支路，如图 1 - 20（b）所示，将其余一端口网络化为戴维南等效电路：

（1）求开路电压 U_{oc}：$U_{oc} = U_1 + U_2 = -\dfrac{10 \times 4}{4 + 6} + \dfrac{10 \times 6}{4 + 6} = -4 + 6 = 2\text{V}$

（2）求等效电阻 R_{eq}：把电压源短路，电路为纯电阻电路，应用电阻串、并联公式，

得：$R_{eq} = \dfrac{4 \times 6}{4 + 6} + \dfrac{4 \times 6}{4 + 6} = 4.8\Omega$

（3）画出等效电路，接上待求支路如图 1 - 20（d）所示：

当 $R_x = 1.2\Omega$ 时：$I = \dfrac{U_{oc}}{R_{eq} + R_x} = \dfrac{2}{4.8 + 1.2} = \dfrac{1}{3}\text{A}$

当 $R_x = 5.2\Omega$ 时：$I = \dfrac{U_{oc}}{R_{eq} + R_x} = \dfrac{2}{4.8 + 5.2} = 0.2\text{A}$

例 1 - 10　计算图 1 - 21 所示电路中的电压 U_0。

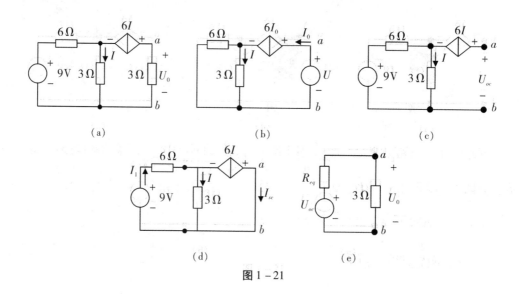

图 1-21

解：断开 3Ω 电阻支路，如图 1-21（c）所示，将其余一端口网络化为戴维南等效电路：

（1）求开路电压 U_{oc}：$U_{oc} = 6I + 3I = 9I = 9 \times 9 \div 9 = 9V$

（2）求等效电阻 R_{eq}：

方法 1：外加电压源如图 1-21（c）所示，求端口电压 U 和电流 I_0 的比值。注意此时电路中的独立电源要置零。

因为：$\begin{cases} U = 6I + 3I + 9I \\ I = \dfrac{2}{3}I_0 \end{cases}$　　　所以：$\begin{cases} U = 9 \times \dfrac{2}{3}I_0 = 6I_0 \\ R_{eq} = \dfrac{U}{I} = 6\Omega \end{cases}$

方法 2：求开路电压和短路电流的比值。

把电路断口短路如图 1-21（d）所示，注意此时电路中的独立电源要保留。

对图 1-21（d）电路右边的网孔应用 KVL，有：$6I + 3I = 0$

所以 $I = 0$，$I_{sc} = 9 \div 6 = 1.5A$，$R_{eq} = \dfrac{U_{oc}}{I_{sc}} = \dfrac{9}{1.5} = 6\Omega$

（3）画出等效电路，如图 1-21（e）所示，解得：$U_0 = \dfrac{9}{R_{eq}+3} = \dfrac{9}{6+3} = 1V$

注意：计算含受控源电路的等效电阻是用外加电源法还是开路、短路法，要具体问题具体分析，以计算简便为好。

例 1-11　求图 1-22 所示电路中负载 R_L 消耗的功率。

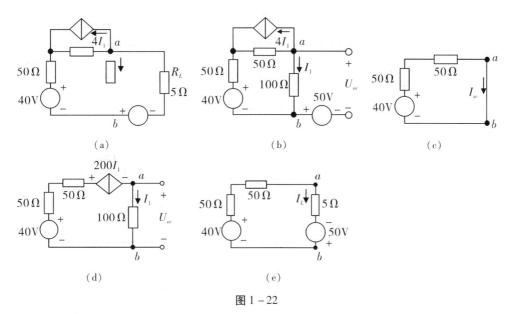

图 1-22

解：应用戴维南定理。

（1）断开电阻 R_L 所在支路，如图 1-22（b）所示，将其余一端口网络化为戴维南等效电路。首先应用电源等效变换将图 1-22（b）变为图 1-22（c）。

（2）求开路电压 U_{oc}：

由 KVL 得：$100I_1 + 200I_1 + 100I_1 = 40$，解得：$I_1 = 0.1\text{A}$，$U_{oc} = 100I_1 = 10\text{V}$

（3）求等效电阻 R_{eq}，用开路电压、短路电流法。端口短路，电路如图 1-22（d）所示，短路电流为：$I_{sc} = 40/100 = 0.4\text{A}$

因此：$R_{eq} = \dfrac{U_{oc}}{I_{sc}} = 10/0.4 = 25\Omega$

（4）画出戴维南等效电路，接上待求支路求解。如图 1-22（e）所示，则：

$$I_L = \frac{U_{oc} + 50}{25 + 5} = \frac{60}{30} = 2\text{A} \quad P_L = 5I_L^2 = 5 \times 4 = 20\text{W}$$

▶ 任务小结 ▶▶

（1）基尔霍夫第一定律反映了节点上各支路电流之间的关系，其表达式为：ΣI 进 $= \Sigma I$ 出。

（2）基尔霍夫第二定律反映了回路中各元件电压之间的关系，其表达式为：$\Sigma U = \Sigma IR$。

（3）戴维南定理：任何线性含源二端网络都可以用一个等效电压源来代替。这个等效电压源的电动势等于该二端网络的开路电压，它的内阻等于该二端网络的入端电阻。

电磁电路

任务 ① 电容与电感

学习目标

（1）识别电容器与电感器的结构和类型。

（2）理解容抗与感抗的概念。

（3）理解电容"隔直流，通交流，阻低频，通高频"的特性及其应用。

（4）理解电感"通直流，阻交流，通低频，阻高频"的特性及其应用。

（5）使用万用表检测电容与电感的性能好坏。

学习内容

一、电容器

电容器通常简称为电容，电感器通常简称为电感，它们都是储能元件。

1. 电容器的结构

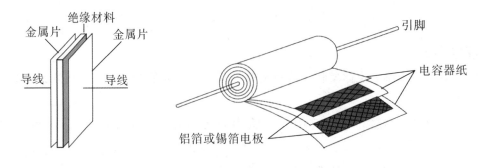

图 2 - 1

2. 电容器的类型和符号

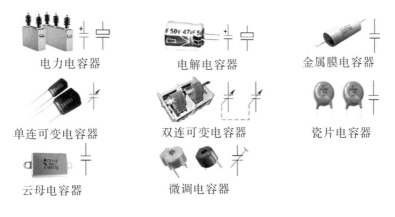

电力电容器　　　　　电解电容器　　　　　金属膜电容器

单连可变电容器　　　双连可变电容器　　　瓷片电容器

云母电容器　　　　　微调电容器

图 2 - 2

3. 电容器的主要参数及选用

电容器种类繁多，不同种类电容器的性能、用途不同；同一类电容器也有很多规格。要合理选择和使用电容器，必须对电容器的种类和参数有充分的认识。

（1）额定工作电压。

一般叫作耐压，指在规定温度范围内，可以连续加在电容器上而不损坏电容器的最大直流电压或交流电压的有效值。它是指使电容器能长时间地稳定工作，并且保证电介质性能良好的支流电压的数值。必须保证电容器的额定工作电压不低于工作电压的最大值（交流电路，考虑交流电压的峰值）。

（2）标称容量和允许误差。

电容器上所标明的电容量的值叫作标称容量。批量生产中，实际电容值与标称电容值之间总是有一定误差的。国家对不同的电容器，规定了不同的误差范围，在此范围之内误差叫作允许误差。

电容量：指电容器储存电荷的能力，也简称为电容，它在数值上等于电容器在单位电压作用下所储存的电荷量，即：

$$C = \frac{Q}{U} \tag{2-1}$$

式中，Q——一个极板上的电荷量，单位是库（仑），符号为 C；

U——两极板间的电压，单位是伏（特），符号为 V；

C——电容，单位是法（拉），符号为 F。

电容的基本单位为法拉（F），辅助单位有：微法（μF）、毫法（mF）、纳法（nF）、皮法（pF）。在实际应用中，法的单位太大，常用的是较小的单位微法（μF）和皮法（pF），其换算如下：

$$1\mu F = 10^{-6}F \qquad 1pF = 10^{-12}F$$

电容是电容器的固有属性，它只与电容器的极板正对面积、两极板间距离以及极板间电介质的特性有关；而与外加电压大小、电容器带电多少等外部条件无关。

设平行板电容器极板正对面积为 S，两极板间的距离为 d，则平行板电容器的电容可按下式计算：

$$C = \frac{\varepsilon S}{d} \qquad\qquad (2-2)$$

ε 为极板间电介质的介电常数，是电介质自身的一个特性参数，其单位是 F/m。真空中的介电常数为 $\varepsilon 0$，某种介质的介电常数 ε 与 $\varepsilon 0$ 之比称为该介质的相对介电常数，用 εr 表示。

式中，ε——某种电介质的介电常数，单位是法（拉）每米，符号为 F/m；

S——极板的有效面积，单位是平方米，符号为 m^2；

d——两极板间的距离，单位是米，符号为 m；

C——电容，单位是法（拉），符号为 F。

4. 电容器的充电和放电

（1）电容器的充电。

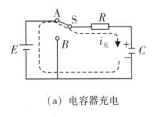 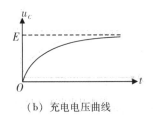 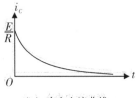

（a）电容器充电　　　　　（b）充电电压曲线　　　　　（c）充电电流曲线

图 2-3

（2）电容器的放电。

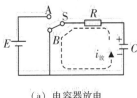 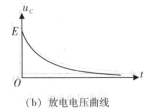 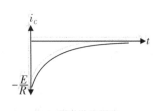

（a）电容器放电　　　　　（b）放电电压曲线　　　　　（c）放电电流曲线

图 2-4

电容器充放电达到稳定值所需要的时间与 R 和 C 的大小有关。通常用 R 和 C 的乘积来描述，称为 RC 电路的时间常数，用 τ 表示，即：$\tau = RC$

τ 越大，充电越慢，放电也越慢，即过渡过程就越长；反之，τ 越小，过渡过程就越短。

在实际应用中，当过渡过程经过（3~5）τ 时间后，可认为过渡过程基本结束，已进入稳定状态。

5. 电容抗

电容抗是电容对交流电的阻碍作用。当电容器外接交流电时，电源与电容器之间不断地进行充电和放电，电容器对交流电也会有阻碍作用。我们把电容对交流电的阻碍作用称为容抗，用 X_C 表示，容抗的单位也是欧姆（Ω）。

容抗的计算式为：

$$X_C = \frac{1}{\omega C} = \frac{1}{2\pi f C} \tag{2-3}$$

电容的容抗与频率的关系可以简单概括为：隔直流，通交流，阻低频，通高频。因此电容也被称为高通元件。

6. 电容器的连接

（1）电容器的串联：串联电容器总电容的倒数等于各电容器的电容倒数之和。

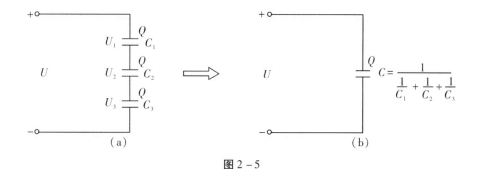

图 2-5

（2）电容器的并联：电容器储存的总电荷量等于各电容器所带电荷量之和。

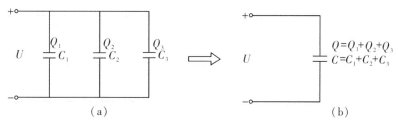

图 2-6

当并联的 n 个电容器的电容相等，均为 C_0 时，总电容：C 为 $C = nC_0$。

7. 电容器中的电场能

从能量转化角度看，电容器的充放电过程，实质上是电容器与外部能量的交换过程。在此过程中，电容器本身不消耗能量，所以说电容器是一种储能元件。

电容器中的电场能：

$$W_C = \frac{1}{2}CU^2 \tag{2-4}$$

式中，C——电容器的电容，单位是法（拉），符号为 F；

U——电容器两极板间的电压，单位是伏（特），符号为 V；

W_C——电容器中的电场能，单位是焦（耳），符号为 J。

显然，在电压一定的条件下，电容越大，储存的能量越多。电容也是电容器储能本领大小的标志。

8. 电容器的主要作用

（1）隔直流：作用是阻止直流通过而让交流通过。

（2）旁路（去耦）：为交流电路中某些并联的元件提供低阻抗通路。

（3）耦合：作为两个电路之间的连接，允许交流信号通过并传输到下一级电路。

（4）滤波：将整流以后的锯齿波变为平滑的脉动波，接近于直流。

（5）储能：储存电能，在必须要的时候释放，例如相机闪光灯、加热设备等。

如今某些电容器的储能水平已经接近锂电池的水准，一个电容器储存的电能可以供一部手机使用一天。

9. 电容器的检测

如果是指针式万用表，用 $200k\Omega$ 电阻挡测电容，刚接通时指针会很快往 0Ω 的方向摆，但是又慢慢回到无穷大处；当用数字式万用表时，显示的电阻值也会先是显示一个阻值，然后慢慢变大，直到超出阻值范围，坏的电容则没有以上的现象。测电感就应该有一个不为零的阻值，如果为零或者无穷大都是不正常的。

（1）判断电解电容好坏的具体方法。

一般采用万用表的电阻挡进行测量。将电容两管脚短路进行放电，用万用表的黑表笔接电解电容的正极。红表笔接负极（此为指针式万用表，用数字式万用表测量时表笔互调），正常时表针应先向电阻小的方向摆动，然后逐渐返回直至无穷大处。表针的摆动幅度越大或返回的速度越慢，说明电容的容量越大，反之则说明电容的容量越小。如表针指在中间某处不再变化，说明此电容漏电；如电阻指示值很小或为零，则表明此电容已击穿短路。因万用表使用的电池电压一般很低，所以在测量低耐压的电容时比较准确，而当电容的耐压较高时，当时尽管测量正常，但加上高压时则有可能发生漏电或击穿现象。

（2）电解电容极性的判断方法。

电解电容的正极接电源正（电阻挡时的黑表笔）、负极接电源负（电阻挡时的红表笔）时，电解电容的漏电流才小（漏电阻大）。反之，则电解电容的漏电流增加（漏电阻减小）。

用万用表的电阻挡测量其极性时，最好选用 R × 100 或 R × 1k 挡，并先假定某极为"＋"极，让其与万用表的黑表笔相接，另一电极与万用表的红表笔相接，记下表针停止的刻度（表针靠左阻值大），然后将电容器放电（即两根引线碰一下），两支表笔对调，重新进行测量。两次测量中，表针最后停留的位置靠左（阻值大）的那次，黑表笔接的就是电解电容的正极。

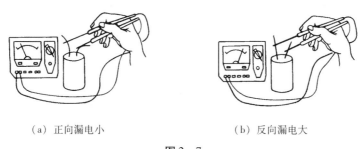

（a）正向漏电小　　　　　　　　（b）反向漏电大

图 2 - 7

（3）电容器质量优劣的简单测试。

一般用万用表的欧姆挡就可简单地测量出电容器的优劣情况，粗略地辨别其漏电、容量衰减或失效的情况。具体方法为：①选挡：选择 R × 100 或 R × 1k 挡（应先调零）。②接法：对于一般电容器，万用表的测试笔可任意接电容的两根引线；对于电解电容器，万用表黑笔接正极，红笔接负极（电解电容器每次测试前，应先将正、负极短路放电）。测试时的现象和结论如表 2 - 1 所示：

表 2 - 1

现象	结论
表针开始基本不动（在∞附近），接通后表针迅速向右摆起，然后慢慢向左退回原位∞	好电容
表针不动（停在∞上）	坏电容（内部断路，或电容器电解质已干涸，失去容量）
表针指示阻值很小	坏电容（内部短路）

（续上表）

现象	结论
如果表针摆起后不再回转	坏电容（已经击穿）
表针先大幅度右摆并指示较大值（几百 MΩ < 阻值 < ∞），然后慢慢向左退，但退不回原位 ∞ 处，而停在某一位置（几百 MΩ < 阻值）	漏电电容（称为漏电阻）

二、电感器

1. 电感器的结构、类型和符号

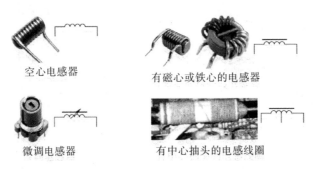

空心电感器　　　　　有磁心或铁心的电感器

微调电感器　　　　　有中心抽头的电感线圈

图 2 - 8

2. 电感器的主要参数

（1）电感。

（2）品质因数（Q 值）。

3. 感抗—电感对交流电的阻碍作用

电感对交流电的阻碍作用称为感抗，用 X_L 表示。感抗的单位也是欧姆（Ω）。

感抗的计算式为：$X_L = \omega L = 2\pi f L$　　　　　　　　　　　　　　（2 - 5）

电感的感抗与频率的关系可以简单概括为：通直流，阻交流，通低频，阻高频，因此电感也称为低通元件。

4. 电感量的单位及其换算

电感量的单位是亨（H），换算关系如下：

$$1H = 10^3 \, mH = 10^6 \, \mu H$$

5. 电感的主要作用

电感主要用于滤波（通直流隔交流）、谐振（与电感组成谐振电路来选频、降压、定时）、波形变换、继电器、扼流圈等。

6. 使用万用表检测电感的好坏

测量电感器的阻值，若电阻值极小（为零）则说明电感器基本正常；若测量电阻为 ∞，则说明电感器已经开路损坏。具有金属外壳的电感器（如中周），若检测的振荡线圈的外壳（屏蔽罩）与各管脚的阻值不是 ∞，有电阻值或为 0，则说明该电感器存在问题。采用具有电感挡的数字式万用表来检测电感器是很方便的，将数字式万用表量程开关拨至合适的电感挡，将电感器两个引脚与两个表笔从显示屏上显示出该电感器的电感量。若显示的电感量与标称值相近，则说明该电感器正常；若显示的电感量与标称值相差，则说明该电感器有问题。需要说明的是，在检测电感器时，数字式万用表的量程最好选择接近标称值的量程去测量，否则，测试的结果将会与标称值有很大的误差。

任务小结

（1）容抗：电容对交流电的阻碍作用，$X_C = \dfrac{1}{\omega C} = \dfrac{1}{2\pi f C}$。

（2）电容的高通特性：隔直流，通交流，阻低频，通高频。

（3）电容器串、并联的特点（见表 2-2）：

表 2-2

物理量	串联	并联
电荷量	$Q = Q_1 = Q_2 = \cdots = Q_n$	$Q = Q_1 + Q_2 + \cdots + Q_n$
电压	$U = U_1 + U_2 \cdots + U_n$ 电压分配与电容成反比 $\dfrac{U_1}{U_2} + \dfrac{C_2}{C_1}$	$U = U_1 + U_2 + \cdots + U_n$
电容	$\dfrac{1}{C} = \dfrac{1}{C_1} + \dfrac{1}{C_2} + \cdots + \dfrac{1}{C_n}$ 当 n 个电容为 C_0 的电容器串联时 $C = \dfrac{C_0}{n}$	$C = C_1 + C_2 + \cdots + C_n$ 当 n 个电容为 C_0 的电容器并联时 $C = n C_0$

（4）感抗：电感对交流电的阻碍作用，$X_L = \omega L = 2\pi f L$。

（5）电感的低通特性：通直流，阻交流，通低频，阻高频。

（6）电容和电感都是储能元件。

【知识拓展】

一、超级电容器

（a）超级电容器结构

（b）车用超级电容器

二、位移与液位测量

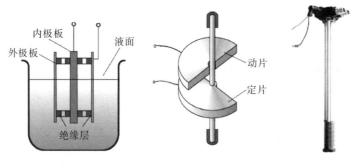

（a）液位检测计　　　　　（b）位移测量　　　　　（c）液位传感器实物图

三、荧光灯

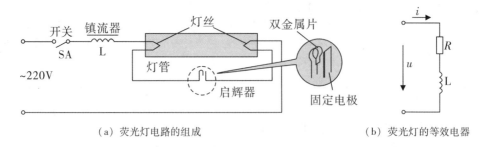

（a）荧光灯电路的组成　　　　　　　　　　　（b）荧光灯的等效电器

练习与思考

一、填空题

1. 电容器是存储_____的装置。

2. 电容器是指存储电荷的能力，通常以_____来表示，其表达式是__
_____。

3. 电容器的容抗大小用_____来表示，单位是_____。

4. 电容具有高通特性，即_____。

5. 电容串联时，其电压分配与电容成_____。

6. 当 n 个电容为 C_0 的电容器串联时，总电容 $C =$ _____。

7. 当 n 个电容为 C_0 的电容器并联时，总电容 $C =$ _____。

8. 电感器是属于_____元件，电感线圈中的电流不能_____。

9. 电感器的感抗大小用_____来表示，单位是_____。

10. 电感具有高通特性，即_____。

二、选择题

1. C_1 和 C_2 串联，下列说法不正确的是（　　）。
   A. C_1 和 C_2 所带的电荷量相等
   B. C_1 和 C_2 所分配的电压与其电容量成正比
   C. C_1 和 C_2 任一电容量大于等效电容量

2. C_1 和 C_2 并联，下列说法不正确的是（　　）。
   A. C_1 和 C_2 所承受的电压相等
   B. C_1 和 C_2 所带的电荷量与其电容量成反比
   C. C_1 和 C_2 任一电容量小于等效电容量

3. 将 C_1（$10\mu F/15V$）和 C_2（$20\mu F/25V$）串联后，其最大安全工作电压是（　　）。
   A. $15V$　　　　　　B. $25V$　　　　　　C. $22.5V$　　　　　　D. $40V$

4. 电容器具有通交流隔直流的特性。在直流电路中因为 $f = 0$。电容器相当于（　　）状态。
   A. 开路　　　　　B. 短路　　　　　C. 通路　　　　　D. 不变

5. 电感线圈能储存和释放能量，在直流电路中，因 $f = 0$（$X_L = \omega L = 0$），所以电感线圈相当于（　　）状态。
   A. 开路　　　　　B. 短路　　　　　C. 通路　　　　　D. 不变

6. 感抗与频率成（　　）比，单位是欧姆。
   A. 正　　　　　　B. 反　　　　　　C. 上升　　　　　D. 下降

7. 容抗与频率成（　　）比，单位是欧姆。

    A. 正　　　　　　　B. 反　　　　　　　C. 上升　　　　　　D. 下降

8. 电感（又称自感系数）L 的大小与线圈的（　　）有关。

    A. 芯子材料

    B. 匝数

    C. 匝数、几何形状、芯子材料（结构一定的空心线圈，L 为常数，有铁芯的线圈 L 不是常数）

    D. 有否通电

9. 将 C_1（10μF/15V）和 C_2（20μF/25V）串联后，其最大安全工作电压为（　　）。

    A. 15 V　　　　　　B. 25 V　　　　　　C. 22.5 V　　　　　D. 40 V

参考答案 ▶▶

一、填空题

1. 电荷　2. 电容量　$C = \dfrac{Q}{U}$　3. $X_C = \dfrac{1}{\omega C} = \dfrac{1}{2\pi f C}$　欧姆（Ω）　4. 隔直流，通交流，阻低频，通高频　5. 反比　6. $C = \dfrac{C_0}{n}$　7. $C = nC_0$　8. 储能　突变　9. $X_L = \omega L = 2\pi f L$　欧姆（Ω）　10. 通直流，阻交流，通低频，阻高频

二、选择题

1. C　2. C　3. D　4. A　5. B　6. A　7. B　8. C　9. D

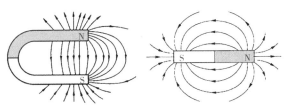

任务 ② 电磁与电磁感应

学习目标 ⟫

（1）理解磁感应强度、磁通、磁导率的概念。

（2）能用右手正确判断通电导体的磁场方向。

（3）理解磁场对电流的电磁力，能用左手正确判断电磁力的方向。

（4）了解磁场对通电线圈的作用及其应用。

（5）理解感应电动势的概念，能用右手正确判断感应电动势的方向。

（6）掌握楞次定律、法拉第电磁感应定律及其应用。

学习内容 ⟫

一、磁场与磁感线

1. 磁性

某些能够吸引铁、镍、钴等物质的性质称为磁性。

当两个磁极相互靠近时，它们之间会发生相互作用：同名磁极相互排斥，异名磁极相互吸引。

2. 磁场

两个磁极互不接触，却存在相互作用力，这是因为在磁体周围的空间中存在着一种特殊的物质叫磁场。磁场具有"力和能"的性质。

3. 磁感线

用一些互不交叉的闭合曲线来描述磁场，这样的曲线称为磁感线。

磁感线上每一点的切线方向就是该点的磁场方向。磁感线在磁体外部由 N 极指向 S 极，在磁体内部由 S 极指向 N 极。磁感线的疏密程度表现了各处磁场的强弱。

（a）蹄形磁铁的磁感线   （b）条形磁铁的磁感线

图 2-9

4. 匀强磁场

在磁场的某一区域里，如果磁感线是一些方向相同分布均匀的平行直线，则称这一区域为匀强磁场。匀强磁场中各点的磁感应强度 B 的大小和方向完全相同，其磁感线平行且等距，如图 2 – 10 所示。

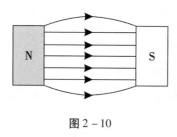

图 2 – 10

二、电流的磁场

1. 电流的磁效应

电流周围存在着磁场。电流产生磁场使磁针偏转的这种现象称为电流的磁效应，如图 2 – 11。

图 2 – 11

2. 右手螺旋定则

通电长直导线及通电螺线管周围的磁场方向可用右手螺旋定则（也称安培定则）来确定（见表 2 – 3）。

表 2 – 3

通电长直导线	通电螺线管
用右手握住导线，让伸直的大拇指所指的方向跟电流的方向一致，则弯曲的四指所环绕的方向就是磁感线的环绕方向	用右手握住通电螺线管，让弯曲的四指所环绕的方向跟电流的方向一致，则大拇指所指的方向就是螺线管内部磁感线的方向，也就是通电螺线管的磁场 N 极的方向

（续上表）

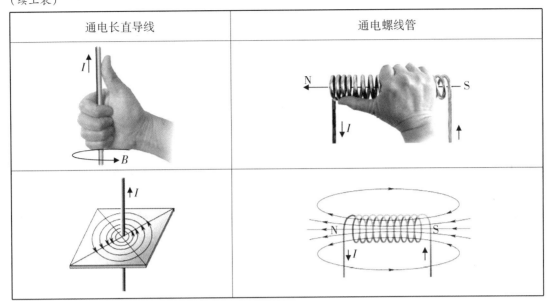

通电长直导线	通电螺线管

三、磁场的主要物理量

1. 磁感应强度

磁场的强弱用磁感应强度来描述，符号为 B，单位是特斯拉（T），简称特。某点磁感应强度的方向，就是该点的磁场方向。

磁场越强，磁感应强度越大；磁场越弱，则磁感应强度越小。

（1）定义：在磁场中垂直于此磁场方向的通电导线，所受到的磁场力 F 跟电流强度 I 和导线长度 L 的乘积 IL 的比值，叫作通电导线所在处的磁感应强度，用 B 表示。

（2）计算公式：$$B = \frac{F}{IL} \text{（磁感应强度定义式）}$$ （2–6）

（3）矢量：B 的方向与磁场方向相同，即与小磁针 N 极受力方向相同。

（4）单位：特斯拉（T）。

2. 磁通

设在磁感应强度为 B 的匀强磁场中，有一个与磁场方向垂直的平面，面积为 S，则把 B 与 S 的乘积定义为穿过这个面积的磁通量，简称磁通。用 Φ 表示磁通，则有：$\Phi = BS$。

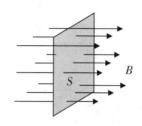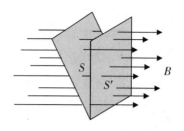

图 2 – 12

如果磁场不与所讨论的平面垂直，则应以这个平面在垂直于磁场 B 的方向的投影面积 S' 与 B 的乘积来表示磁通。

由 $\Phi = BS$ 可得 $B = \Phi / S$，这表示磁感应强度等于穿过单位面积的磁通，所以磁感应强度又称磁通密度。当面积一定时，该面积上的磁通越大，磁感应强度越大，磁场越强。

3. 磁导率

用来表示媒介质导磁性能的物理量，用 μ 表示，其单位为 H/m（亨/米）。为了比较媒介质对磁场的影响，把任一物质的磁导率与真空的磁导率的比值称作相对磁导率，用 μ_r 表示，即：$\mu_r = \dfrac{\mu}{\mu_0}$。

不同的媒介质对磁场的影响不同，影响的程度与媒介质的导磁性能有关。

（1）含义：物质导磁性能的强弱用磁导率 μ 表示。μ 的单位是亨（利）每米，符号为 H/m。

（2）意义：在相同条件下，μ 值越大，磁感应强度 B 越大，磁场越强；μ 值越小，磁感应强度 B 越小，磁场越弱。

（3）相对磁导率。

真空中的磁导率是一个常数，$\mu_0 = 4\pi \times 10^{-7} \text{H/m}$。为了便于对各种物质的导磁性能进行比较，以真空中的磁导率 μ_0 为基准。将其他物质的磁导率 μ 和 μ_0 进行比较，其比值叫相对磁导率，用 μ_r 表示，即：$\mu_r = \dfrac{\mu}{\mu_0}$。

（4）根据相对磁导率 μ_r 的大小，可将物质分为三类：①顺磁物质；②反磁物质；③铁磁物质。

4. 磁场强度

（1）定义：磁场中某点的磁场强度等于该点磁感应强度与介质磁导率 μ 的比值，用字母 H 表示。

（2）计算公式：$H = \dfrac{B}{\mu}$

（3）矢量：方向与该点磁感应强度的方向相同。

四、磁场对通电导体的作用

1. 磁场对通电导体的作用

通常把通电导体在磁场中受到的力称为电磁力，也称安培力。

通电导体在磁场内的受力方向可用左手定则来判断：伸开左手，使大拇指和四指在同一平面且使拇指与其余四指垂直，让磁力线从掌心穿入，则四指所指向即电流的方向，拇指所指的方向就是导体运动方向。

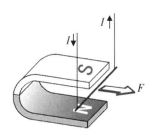 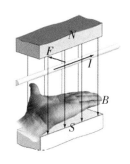

（a）通电导体在磁场中受到的电磁力　　　　（b）左手定则

图 2 - 13

把一段通电导线放入磁场中，当电流方向与磁场方向垂直时，电流所受的电磁力最大。

利用磁感应强度的表达式 $B = F/Il$，可得电磁力的计算式为：

$$F = BIl \qquad\qquad (2-7)$$

如果电流方向与磁场方向不垂直，而是有一个夹角 α，这时通电导线的有效长度为 $l\sin\alpha$。电磁力的计算式变为：

$$F = BIl\sin\alpha$$

通电导线长度一定时，电流越大，电流所受电磁力越大；电流一定时，通电导线越长，电磁力也越大。当电流方向与磁场方向垂直时，电流所受的电磁力最大。

2. 通电平行直导线间的作用

两条相距较近且相互平行的直导线，当通以相同方向的电流时，它们相互吸引；当通以相反方向的电流时，它们相互排斥。

判断受力时，可以用右手螺旋法则判断每个电流产生的磁场方向，再用左手定则判断另一个电流在这个磁场中所受电磁力的方向。

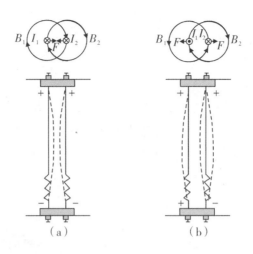

图 2-14

3. 磁场对通电线圈的作用

磁场对通电矩形线圈的作用是电动机旋转的基本原理。

在均匀磁场中放入一个线圈，当给线圈通入电流时，它就会在电磁力的作用下旋转起来。

当线圈平面与磁感线平行时，线圈在 N 极一侧的部分所受电磁力向下，在 S 极一侧的部分所受电磁力向上，线圈按顺时针方向转动，这时线圈所产生的转矩最大。当线圈平面与磁感线垂直时，电磁转矩为零，但线圈仍靠惯性继续转动。通过换向器的作用，与电源负极相连的电刷 A 始终与转到 N 极一侧的导线相连，电流方向恒为由 A 流出线圈；与电源正极相连的电刷 B 始终与转到 S 极一侧的导线相连，电流方向恒为由 B 流入线圈。因此，线圈始终能按顺时针方向连续旋转。

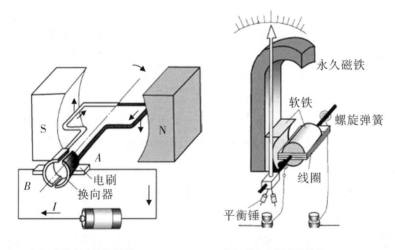

(a) 直流电动机的原理   (b) 磁电式仪表的结构

图 2-15

五、电磁感应定律

（一）电磁感应现象

磁铁快速插入或拔出线圈，电流表指针偏转。我们将磁场产生电流的现象称为电磁感应现象；将产生的电流称为感应电流；将产生感应电流的电动势称为感应电动势。

感应电流的产生与磁通的变化有关。当穿过闭合电路的磁通发生变化时，闭合电路中就有感应电流。

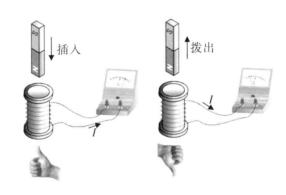

（a）条形磁铁快速插入线圈　　（b）条形磁铁快速拔出线圈

图 2 – 16

结论：利用磁场产生电流的现象，我们把它叫作电磁感应现象；用电磁感应的方法产生的电流，叫作感应电流。

（二）电磁感应的条件

感应电流产生的磁通总要阻碍引起感应电流的磁通的变化。如图 2 – 17 中导体不切割磁力线时，电路中没有电流；而切割磁力线时，闭合电路中有电流。磁通量定义 $\Phi = BS$ 对闭合回路而言，所处磁场 B 未变，仅因为 AB 的运动使回路在磁场中部分面积变了，使穿过回路的磁通发生变化，故回路中产生了感应电流。

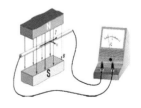

结论 1：闭合回路中的一部分导体在磁场中做切割磁感线运动时，回路中有感应电流。

图 2 – 17

结论 2：产生电磁感应的条件是穿越线圈回路的磁通发生变化。

感应电动势：在电磁感应现象中，由电磁感应产生的电动势叫作感应电动势。

如果导体运动方向与磁感线方向有一夹角 α，则导体中的感应电动势为：

$$e = Blv\sin\alpha \qquad (2-8)$$

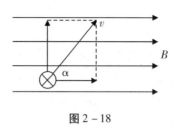

图 2 - 18

当导体、导体运动方向和磁感线方向三者互相垂直时，导体中的感应电动势为：

$$e = Blv$$

注意：电磁感应现象发生时，在闭合回路中做切割磁力线运动的那部分导体就是一个电源。线圈也可看成一个电源，则感应电流流出端为电源的正极。

感应电流的大小随着电阻的变化而变化，而感应电动势的大小与电阻无关。电动势是电源本身的特性，与外电路状态无关。不论电路是否闭合，只要有电磁感应现象发生，就会产生感应电动势；而感应电流只有当回路闭合时才有，开路时则不产生。

总结：感应电动势比感应电流更能反映电磁现象的本质。

（三）法拉第电磁感应定律

法拉第电磁感应定律是指电路（或线圈）中感应电动势的大小与穿过电路（或线圈）中磁通量的变化率成正比。

$$e = N\frac{\Delta\Phi}{\Delta t} \qquad (2-9)$$

N 匝线圈的感应电动势的大小为：

（1）磁通量变化越快，感应电动势越大，在同一电路中，感应电流越大；反之，越小。

（2）磁通量变化快慢的意义：

①在磁通量变化 $\Delta\Phi$ 相同时，所用的时间 Δt 越少，即变化越快；反之，则变化越慢。

②在变化时间一样时，变化量越大，表明磁通变化越快；反之，则变化越慢。

③磁通量变化 $\Delta\Phi$ 的快慢，可用单位时间 Δt 内的磁通量的变化，即磁通量的变化率来表示。

可见，感应电动势的大小由磁通量的变化率来决定。

（四）楞次定律

感应电动势的方向需要根据楞次定律进行判定。在电路计算中，应根据实际方向与参考方向的关系确定其正负。

（1）楞次定律内容：感应磁通的变化总是阻碍原磁通的变化。

（2）判断电磁感应电流的方向：用右手定则结合楞次定律。

①改变导体的运动方向。

现象：电流计指针的偏转方向不同。

表明：感应电流的方向与导体切割磁力线的运动方向有关，如图 2 – 19 所示。

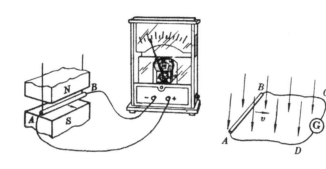

图 2 – 19

②改变磁场方向。

现象：电流计指针的偏转方向不同。

表明：感应电流的方向与磁场方向有关。

总结：感应电流的方向跟导体运动的方向与磁感线的方向都有关系。三者之间满足右手定则：伸开右手，使大拇指和四指在同一平面且使拇指与其余四指垂直，让磁力线从掌心穿入，拇指指向导体运动方向，则其余四指所指的方向就是感应电流的方向（感应电动势的方向），如图 2 – 20 所示。

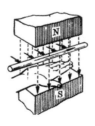

图 2 – 20

在感应电流方向、磁场方向、导体运动方向中已知任意两个的方向可以判断第三个的方向。如果把线圈看成是一个电源，则感应电流流出端为电源的正极。

（3）用右手定则如何判定闭合电路的磁通量发生变化时感应电流的方向？

楞次定律指出：感应电流的方向总是使感应电流的磁场阻碍引起感应电流的磁通量的变化，它是判断感应电流方向的普遍规律。

演示实验如图2－21来验证楞次定律：

①将条形磁铁插入线圈，闭合电路磁通量增加，观察感应电流方向。

②将条形磁铁拔出线圈，闭合电路磁通量减小，观察感应电流方向。

总结：应用楞次定律的步骤：

①明确原有磁场的方向以及穿过闭合电路的磁通量是增加还是减少。

②根据楞次定律确定感应电流的磁场方向。

③用右手螺旋定则来确定感应电流的方向。

图2－21

任务小结

（1）磁性：某些能够吸引铁、镍、钴等物质的性质称为磁性。

（2）两个磁极间的相互作用：同名磁极相互排斥，异名磁极相互吸引。

（3）磁场具有"力和能"的性质。

（4）磁感线：用一些互不交叉的闭合曲线来描述磁场，这样的曲线称为磁感线。

（5）磁感线上每一点的切线方向就是该点的磁场方向。磁感线在磁体外部由N极指向S极，在磁体内部由S极指向N极。

（6）匀强磁场：各点的磁感应强度B的大小和方向完全相同，其磁感线平行且等距。

（7）右手螺旋定则（也称安培定则）：

①通电长直导线电流的磁场方向：用右手握住通电直导线，让大拇指指向电流方向，则弯曲四指所指的方向就是磁感线的环绕方向。

②通电螺线管周围的磁场方向：用右手握住通电螺线管，让弯曲四指指向电流方向，则大拇指所指的方向就是螺线管内部磁场N极的方向。

（8）两条相距较近且相互平行的直导线：同向电流相吸，反向电流相斥。

（9）把通电导体在磁场中受到的力称为电磁力，也称安培力。方向可用左手定则来判断：伸开左手，使大拇指和四指在同一平面且使拇指与其余四指垂直，让磁力线从掌心穿入，则四指所指向即电流的方向，拇指所指的方向就是导体运动方向。

（10）利用磁场产生电流的现象叫作电磁感应现象，所产生的电流叫作感应电流。

（11）产生感应电动势的条件：线圈中的磁通发生变化或导体相对磁场运动而切割磁

感线。

（12）直导体切割磁感线产生的感应电动势，其大小为 $e = Blv\sin\alpha$。其方向用右手定则来判断：伸开右手，使大拇指和四指在同一平面且使拇指与其余四指垂直，让磁力线从掌心穿入，拇指指向导体运动方向，则其余四指所指的方向就是感应电流的方向（感应电动势的方向）。

（13）楞次定律：感应磁通的变化总是阻碍原磁通的变化。

（14）法拉第电磁感应定律：电路或线圈中感应电动势的大小与磁通的变化率成正比，即 $e = N\Delta\Phi/\Delta t$。

（15）用法拉第电磁感应定律计算感应电动势的大小，而用楞次定律来判别感应电动势的方向。

【知识拓展】

发电机的应用原理：发电机就是应用导线切割磁感线产生感应电动势的原理发电的。

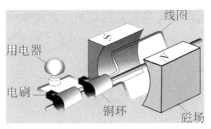

练习与思考

一、填空题

1. 具有_____的物体称为磁体，磁体两端_____的部分称磁极。

2. 磁极间具有相互作用力，即同名磁极相互_____，异名磁极相互_____。

3. 磁场具有_____和_____的性质。

4. 磁感线是_____曲线，在磁体_____由 N 极指向 S 极，在磁体内部由 S 极指向 N 极。

5. _____的现象称为电流的磁效应。用_____定则来判断通电螺线管产生的磁场。

6. 感应电流的方向与_____方向有关。

7. 通常把通电导体在磁场中受到的力称为_____，其方向可由_____定律判断。

8. 把一段通电导体放入磁场中，当电流方向与磁场方向_____（选填"平行"或"垂直"）时，导体所受到的电磁力最大。

9. 感应电流产生的磁通总是_____（选填"增强"或"阻碍"）原磁通的变化，线圈中感应电动势的大小与磁通变化率成正比。

10. 在电磁感应中，常用_____定律来计算感应电动势的大小，而用_____定律来判断感应电动势的方向。

二、选择题

1. 在条形磁铁中，磁性最强的部位在（　　　）。

    A. 中间　　　　　　　　B. 两极　　　　　　　　C. 整体

2. 磁感线上任一点的（　　　）方向，就是该点的磁场方向。

    A. 指向 N 极的　　　　　B. 切线　　　　　　　　C. 直线

3. 关于电流的磁场，正确的说法是（　　　）。

    A. 直线电流的磁场只分布在垂直于导线的某一平面上

    B. 直线电流的磁场是一些同心圆，距离导线越远，磁感线越密

    C. 直线电流、环形电流的磁场方向都可用安培定则判断

4. 在均匀磁场中，原来载流导体所受磁场力为 F，若电流强度增加到原来的 2 倍，而导线的长度减小一半，则载流导线所受的磁场力为（　　　）。

    A. 2F　　　　　　　B. F　　　　　　　C. F/2　　　　　　　D. 4F

5. 法拉第电磁感应定律可以表述为：闭合电路中感应电动势的大小（　　　）。

    A. 与穿过这一闭合电路的磁通变化率成正比

    B. 与穿过这一闭合电路的磁通成正比

    C. 与穿过这一闭合电路的磁感应强度成正比

    D. 与穿过这一闭合电路的磁通变化量成正比

6. 运动导体在切割磁感应线面产生感应电动势时，导体与磁感应线的夹角为（　　　）。

    A. 0°　　　　　　　B. 45°　　　　　　　C. 90°

7. 下列属于电磁感应现象的是（　　　）。

    A. 通电导体产生的磁场　　　　　　　　B. 通电导体在磁场中运动

    C. 变压器铁芯被磁化　　　　　　　　　D. 线圈在磁场中转动发电

8. 在一段磁铁当中，磁性最强的地方在（　　　）。

    A. 中间　　　　　　　B. 两极　　　　　　　C. 中间与两极之间

9. 当线圈中通入（　　　）时，就会引起自感现象。

    A. 不变的电流　　　　　B. 变化的电流　　　　　C. 电流

10. 磁感应线上任一点的（　　）方向，就是该点的磁场方向。

    A. 切线　　　　　　　　B. 直线　　　　　　　　C. 曲线

11. 线圈中产生的自感电动势总是（　　）。

    A. 与线圈内的原电流方向相同　　　　　　B. 与线圈内的原电流方向相反

    C. 阻碍线圈内原电流的变化　　　　　　　D. 上面三种说法都不正确

12. 通电直导体周围磁场的强弱与（　　）有关。

    A. 导体长度　　　　B. 导体位置　　　　C. 导体截面　　　　D. 电流大小

13. 判断电流产生的磁场方向，用（　　）定则。

    A. 左手　　　　　　　　B. 右手　　　　　　　　C. 安培

14. 如图所示，磁针的 N 极将（　　）。

    A. 向外偏转

    B. 向里偏转

    C. 不偏转

    D. 偏转方向不定

15. 在通电线圈中插入铁心后，它的磁场将（　　）。

    A. 增强　　　　　　　　B. 减弱　　　　　　　　C. 不变

16. 当线圈中的磁通减小，感应电流产生的磁通（　　）。

    A. 与原磁通方向相反

    B. 与原磁通方向相同

    C. 与原磁通方向无关

17. 如图所示，磁场中载流直导体的受力情况为（　　）。

    A. 垂直向上　　　　　　　　　　B. 垂直向下

    C. 水平向左　　　　　　　　　　D. 水平向右

18. 在均匀磁场中，当电荷的运动方向与磁场方向（　　）时，电磁力最大。

    A. 平行　　　　　　　　B. 垂直　　　　　　　　C. 成某个角度

19. 磁场具有（　　）。

    A. 力和能的性质　　　　　　　　B. 看不见摸不着，性质很难定

    C. 力没有能量　　　　　　　　　D. 吸引铁的物质

20. 楞次定律的内容是（　　）。

    A. 感应电流所产生的磁场总是阻止原磁场的变化

    B. 感应电压所产生的电场总是停止原电场的变化

    C. 感应电流所产生的磁场总是阻碍原磁场的变化

    D. 感应电压所产生的磁场总是顺着原磁场的变化

三、判断题

（   ）1. 地球是一个大磁体。

（   ）2. 因磁感线能形象地描述磁场的强弱和方向，所以它存在于磁极周围的空间里。

（   ）3. 当磁通发生变化时，导线或线圈中就会有感应电流产生。

（   ）4. 感应电流产生的磁通总是与原磁通的方向相反。

（   ）5. 左手定则是判定通电导体在磁场中受力的方向。

（   ）6. 磁感线是一系列假想的有向曲线，它始于 N 极，终于 S 极。

（   ）7. 磁体具有两个磁极，一个是 N 极，另一个是 S 极，若把磁体断成两段，则一段为 N 极，另一段为 S 极。

（   ）8. 磁场总是由电流产生的。

（   ）9. 线圈平面与磁场方向垂直时，磁通最大。

（   ）10. 磁感应强度和磁场强度一样，都是矢量。

（   ）11. 两通电平行直导体之间存在相互作用力，同向电流相互吸引。

（   ）12. 当磁通发生变化时，导线或线圈中就会有感应电流产生。

（   ）13. 用右手握住通电导体，让拇指指向电流方向，则弯曲四指所指的指向就是磁场方向。

（   ）14. 通电直导体在磁场中所受力方向，可以通过右手定则来判断。

四、综合题

1. 把一根通有 4A 电流、长为 10cm 的导线放在均匀磁场中，当导线和磁感应线垂直时，测得所受磁场力是 0.04N。求：

（1）磁场的磁感应强度。

（2）如果导线和磁场方向夹角为 30°，导线所受到的磁场力的大小。

2. 均匀磁场的磁感应强度为 0.4T，直导体在磁场中有效长度为 20cm，导线运动方向与磁场方向夹角为 α，导线以 10m/s 的速度作匀速直线运动。求：

（1）α 为 0° 时直导线上感应电动势的大小。

（2）α 为 30° 时直导线上感应电动势的大小。

（3）α 为 90° 时直导线上感应电动势的大小。

3. 一个 200 匝的线圈内，磁通经过 0.2s 的时间由 0.04Wb 均匀减小到 0，求线圈中产生的感应电动势的大小。

参考答案

一、填空题

1. 磁性　磁性最强　2. 排斥　吸引　3. 力　能　4. 闭合　外部　5. 电流能产生磁场　安培（右手螺旋）　6. 磁场　7. 安培力（电磁力）　左手　8. 垂直　9. 阻碍　10. 法拉第电磁感应　楞次

二、选择题

1. B　2. B　3. C　4. B　5. A　6. C　7. D　8. B　9. B　10. A　11. C　12. D　13. B　14. B　15. A　16. A　17. B　18. B　19. A　20. C

三、判断题

1. √　2. ×　3. ×　4. ×　5. √　6. ×　7. ×　8. ×　9. √　10. √　11. √　12. ×　13. √　14. ×

四、综合题

1. 解：（1）$B = \dfrac{F}{Il} = \dfrac{0.04\,\text{N}}{4\text{A} \times 0.1\text{m}} = 0.1\text{T}$

　　（2）$F = BIl\sin\alpha = 0.1\text{T} \times 4\text{A} \times 0.1\text{m} \times \sin 30° = 0.02\text{N}$

2. 解：（1）$e = Blv\sin\alpha = 0.4\text{T} \times 0.2\text{m} \times 10\text{m/s} \times \sin 0° = 0$

　　（2）$e = Blv\sin\alpha = 0.4\text{T} \times 0.2\text{m} \times 10\text{m/s} \times \sin 30° = 0.4\text{V}$

　　（3）$e = Blv\sin\alpha = 0.4\text{T} \times 0.2\text{m} \times 10\text{m/s} \times \sin 90° = 0.8\text{V}$

3. 解：$e = N\dfrac{\Delta\Phi}{\Delta t} = 200 \times \dfrac{0.04\text{Wb} - 0}{0.2\text{s}} = 40\text{V}$

任务 ③ 自感与互感及其应用

▶ 学习目标 ▶▶

（1）了解自感现象、互感现象。

（2）理解自感系数和互感系数的概念。

（3）理解同名端的概念，能判断和测定互感线圈的同名端。

（4）理解磁动势和磁阻的概念及磁路欧姆定律。

（5）掌握自感与互感及其应用。

▶ 学习内容 ▶▶

一、自感

1．自感现象

这种由于流过线圈自身的电流发生变化而引起的电磁感应现象称为自感现象，简称自感。

在自感现象中产生的感应电动势称为自感电动势，用 e_L 表示，自感电流用 i_L 表示。自感电动势的方向可结合楞次定律和右手螺旋定则来确定。

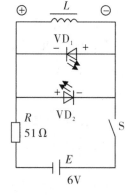

图 2 - 22

2．自感系数

当线圈中通入电流后，这一电流使每匝线圈所产生的磁通称为自感磁通。

为了衡量不同线圈产生自感磁通的能力，引入自感系数（电感）这一物理量，用 L 表示，它在数值上等于一个线圈中通过单位电流所产生的自感磁通，即：

$$L = \frac{N\Phi}{I} \qquad (2-10)$$

有铁心的线圈，其电感要比空心线圈的电感大得多。

3．自感电动势

自感现象是一种特殊的电磁感应现象，它必然也遵从法拉第电磁感应定律。自感电动势的计算式为：

$$e_L = L \frac{\Delta I}{\Delta t} \qquad (2-11)$$

自感电动势的大小与电流的变化率和自感系数之积成正比，电流变化率越大，自感电动势越大，反之亦然。所以，电感 L 也反映了线圈产生自感电动势的能力。

二、互感

1. 互感现象

这种由一个线圈中的电流发生变化而在另一线圈中产生电磁感应的现象称为互感现象，简称互感。由互感产生的感应电动势称为互感电动势，用 e_M 表示。

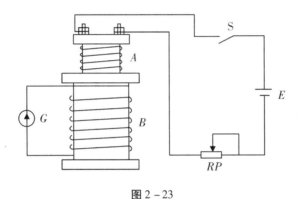

图 2-23

为描述一个线圈电流的变化在另一个线圈中产生互感电动势的能力，引入互感系数（简称互感）这一物理量，用 M 表示，互感的单位也是 H。

互感系数与两个线圈的匝数、几何形状、相对位置以及周围介质等因素有关。

2. 互感电动势的大小和方向

互感现象遵从法拉第电磁感应定律。互感电动势的计算式为：

$$e_{2M} = N_2 \frac{\Delta \Phi_{12}}{\Delta t} = M \frac{\Delta I_1}{\Delta t} \qquad (2-12)$$

互感电动势方向也应根据楞次定律判定。

3. 同名端

由于线圈绕向一致而产生感应电动势的极性始终保持一致的端子称为线圈的同名端。用"·"或"＊"表示，如图 2-24 所示。

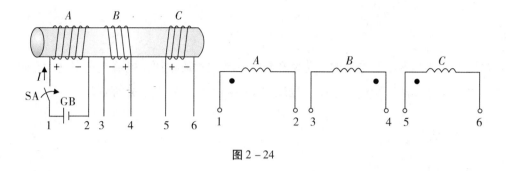

图 2 – 24

4. 互感线圈的连接

（1）顺串：两个线圈的一对异名端相接称为顺串，这时两个线圈的磁通方向是相同的。串接后的等效电感为：

$$L_{顺} = L_1 + L_2 + 2M$$

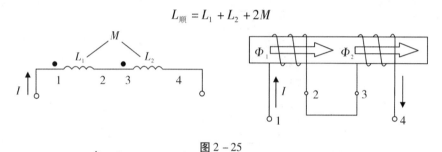

图 2 – 25

（2）反串：两个线圈的一对同名端相接称为反串，这时两个线圈的磁通方向是相反的。串接后的等效电感为：

$$L_{反} = L_1 + L_2 - 2M$$

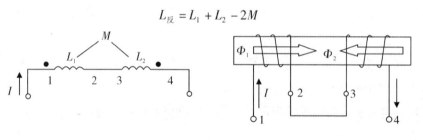

图 2 – 26

（3）无感电阻：如果将两个相同线圈的同名端接在一起，则两个线圈所产生的磁通在任何时候都是大小相等而方向相反，因而相互抵消。这样接成的线圈就不会有磁通穿过。在绕制电阻时，将电阻线对折，双线并绕，就可以制成无感电阻。

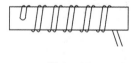

图 2 – 27

三、自感与互感的应用

（一）磁化

使原来没有磁性的物质具有磁性的过程称为磁化。

只有铁磁性材料才能被磁化，而非铁磁性材料是不能被磁化的。这是因为铁磁物质可以看作由许多被称为磁畴的小磁体组成。

当一个线圈的结构、形状、匝数都已确定时，线圈中的磁通 Φ 随电流 I 变化的规律可用 $\Phi - I$ 曲线来表示，称为磁化曲线。它反映了铁心的磁化过程。

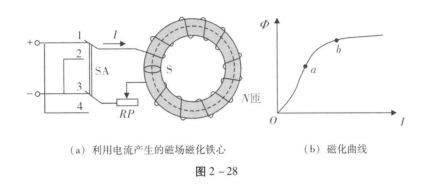

（a）利用电流产生的磁场磁化铁心　　　　（b）磁化曲线

图 2 - 28

曲线 Oa 段较为陡峭，Φ 随 I 近似成正比增加。

b 点以后的部分近似平坦，这表明即使再增大线圈中的电流 I，Φ 也已近似不变了，铁心磁化到这种程度称为磁饱和。

a 点到 b 点是一段弯曲的部分，称为曲线的膝部。这表明从未饱和到饱和是逐步过渡的。

各种电器的线圈中，一般都装有铁心以获得较强的磁场。为了尽可能增强线圈中的磁场，还常将铁心制成闭合的形状，使磁感线沿铁心构成回路，如图 2 - 29 所示。

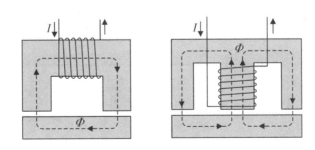

图 2 - 29

当线圈中电流变化到零时，由于磁畴存在惯性，铁心中的 Φ 并不为零，而是仍保留部分剩磁，如图 2 – 30（b）中的 b、e 两点。此时必须加反向电流，并达到一定数值 [图 2 – 30（b）中 c、f 两点]，才能使剩磁消失。

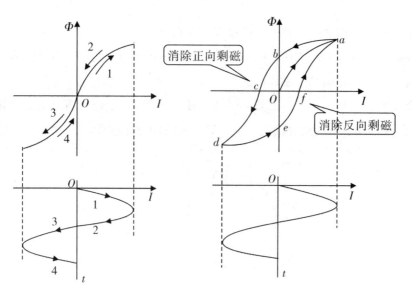

（a）反复磁化和磁滞回线理想情况　　（b）反复磁化和磁滞回线实际情况

图 2 – 30

上述现象称为磁滞，图 2 – 30（b）中的封闭曲线称为磁滞回线。铁心在反复磁化的过程中，由于要不断克服磁畴惯性将损耗一定的能量，称为磁滞损耗，这将使铁心发热。

（二）铁磁材料

表 2 – 4

名称	磁滞回线	特点	典型材料及用途
硬磁材料		不易磁化 不易退磁	碳钢、钴钢等，适合制作永久磁铁，如扬声器的磁钢
软磁材料		容易磁化 容易退磁	硅钢、铸钢、铁镍合金等，适合制作电机、变压器、继电器等设备中的铁心

（续上表）

名称	磁滞回线	特点	典型教材及用途
矩磁材料	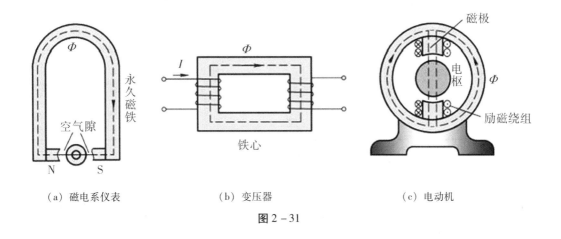	很易磁化 很难退磁	锰镁铁氧体、锂锰铁氧体等，适合制作磁带、计算机的磁盘

（三）磁路与磁路的欧姆定律

1. 磁路

磁通所通过的路径称为磁路，如图 2-31（几种电气设备的磁路）所示：

（a）磁电系仪表　　　（b）变压器　　　（c）电动机

图 2-31

磁路可分为无分支磁路和有分支磁路。

2. 主磁通

全部在磁路内部闭合的磁通称主磁通。

3. 漏磁通

部分经过磁路周围物质而自成回路的磁通称为漏磁通。

基于制造和结构上的原因，磁路中常有空气隙。当空气隙很小时，空气隙中的磁感线是平行而均匀的，只有极少数磁感线扩散出去形成所谓的边缘效应。

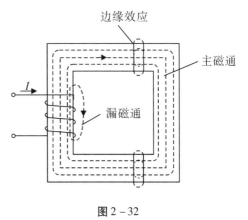

图 2-32

4. 磁阻

磁通通过磁路时所受到的阻碍作用，用符号 R_m 表示。

磁路中磁阻的大小与磁路的长度 L 成正比，与磁路的横截面积 S 成反比，并与组成磁路材料的磁导率有关，其公式为：

$$R_m = \frac{L}{\mu S} \qquad (2-13)$$

5. 磁路欧姆定律

通过磁路的磁通与磁动势成正比，而与磁阻成反比，称磁路欧姆定律，即：

$$\Phi = \frac{F_m}{R_m} \qquad (2-14)$$

如果磁路中有空气隙，由于空气隙的磁阻远比铁磁材料的磁阻大，整个磁路的磁阻会大大增加。若要有足够的磁通，就必须增大励磁电流或增加线圈的匝数，即增大磁动势。

由于铁磁材料磁导率的非线性，磁阻 R_m 不是常数，所以磁路欧姆定律只能对磁路作定性分析。

6. 磁路和电路的区别

表 2 – 5

磁路	电路
磁动势 $F_m = NI$	电动势 E
磁通 Φ	电流 I
磁阻 $R_m = \dfrac{L}{\mu S}$	电阻 $R = \rho \dfrac{L}{S}$
磁导率 μ	电阻率 ρ
磁路欧姆定律 $\Phi = \dfrac{F_m}{R_m}$	电路欧姆定律 $I = \dfrac{E}{R}$

（四）变压器

1. 变压器的结构、符号与变比

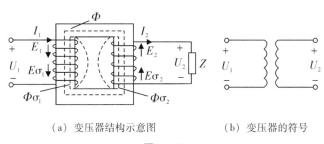

（a）变压器结构示意图　　　（b）变压器的符号

图 2－33

原绕组匝数为 N_1，电压 U_1，电流 I_1，主磁电动势 E_1，漏磁电动势 $E\sigma_1$；

副绕组匝数为 N_2，电压 U_2，电流 I_2，主磁电动势 E_2，漏磁电动势 $E\sigma_2$。

$$\frac{U_1}{U_2} \approx \frac{E_1}{E_2} = \frac{N_1}{N_2} = k$$

2. 外特性

$$\Delta U = \frac{U_{20} - U_2}{U_{20}} \times 100\%$$

电压变化率反映电压 U_2 的变化程度。通常希望 U_2 的变动愈小愈好，一般变压器的电压变化率约在 5%。

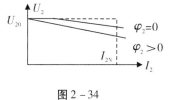

3. 损耗与效率

损耗：$\Delta P = P_{Cu} + P_{Fe}$

铜损：$\Delta P_{Cu} = I_1^2 R_1 + I_2^2 R_2$

其中铁损 ΔP_{Fe} 包括磁滞损耗和涡流损耗。

图 2－34

效率：$\eta = \dfrac{P_2}{P_1} = \dfrac{P_2}{P_2 + \Delta P}$

4. 额定值

（1）额定电压 U_N：指变压器副绕组空载时各绕组的电压。三相变压器是指线电压。

（2）额定电流 I_N：指允许绕组长时间连续工作的线电流。

（3）额定容量 S_N：在额定工作条件下变压器的视在功率。

单相变压器：$S_N = U_{2N} I_{2N} \approx U_{1N} I_{1N}$

三相变压器：$S_N = \sqrt{3}\, U_{2N} I_{2N} \approx \sqrt{3}\, U_{1N} I_{1N}$

5. 变压器线圈极性测定

（1）同极性端的标记。

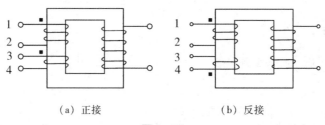

（a）正接 （b）反接

图 2－35

（2）同极性端的测定。

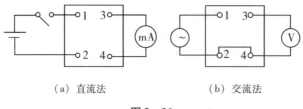

（a）直流法 （b）交流法

图 2－36

①毫安表的指针正偏 1 和 3 是同极性端；反偏 1 和 4 是同极性端。

②$U_{13} = U_{12} - U_{34}$ 时 1 和 3 是同极性端；$U_{13} = U_{12} + U_{34}$ 时 1 和 4 是同极性端。

6. 自耦变压器

$$\frac{U_1}{U_2} = \frac{N_1}{N_2} = k ; \qquad \frac{I_1}{I_2} = \frac{N_2}{N_1} = \frac{1}{k}$$

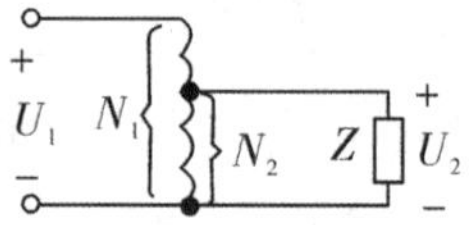

图 2－37

特点：副绕组是原绕组的一部分。原、副压绕组不但有磁的联系，也有电的联系。

7. 仪用电流互感器

电流互感器：原绕组线径较粗，匝数较少，与被测电路负载串联；副绕组线径较细，匝数较多，与电流表及功率表、电度表、继电器的电流线圈串联。其用于将大电流变换为小电流，使用时副绕组电路不允许开路。

$$\frac{I_1}{I_2} = \frac{N_2}{N_1} = \frac{1}{k}$$

图 2－38

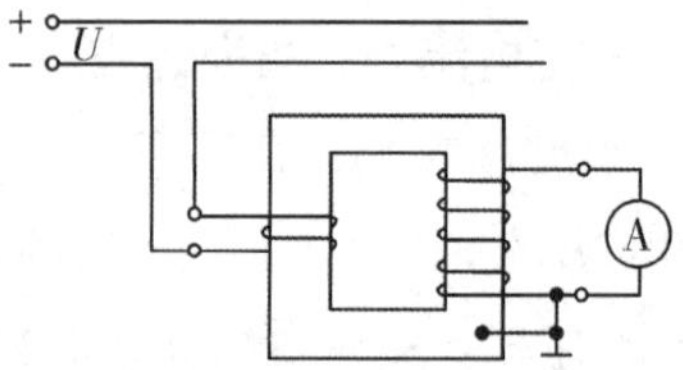

图 2－39

8. 仪用电压互感器

电压互感器：原绕组匝数较多，并联于待测电路两端；副绕组匝数较少，与电压表及电度表、功率表、继电器的电压线圈并联。其用于将高电压变换成低电压，使用时副绕组不允许短路。

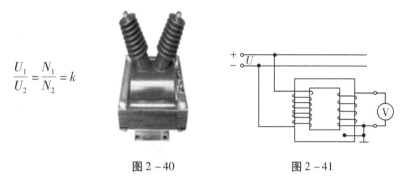

$$\frac{U_1}{U_2} = \frac{N_1}{N_2} = k$$

图 2 - 40　　　　　　　　图 2 - 41

（五）电磁炉

在有铁心的线圈中通入交流电时，就有交变的磁场穿过铁心，这时会在铁心内部产生自感电动势并形成电流。由于这种电流形如旋涡，故称涡流。涡流的利用如图 2 - 42 所示。

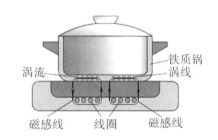

（a）高频感应炉冶炼金属　　　　　（b）家用电磁炉示意图

图 2 - 42

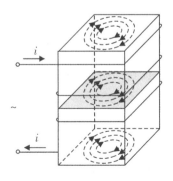
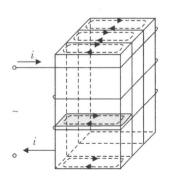

（a）单层铁心涡流损耗大　　　　　（b）多层铁心涡流损耗小

图 2 - 43

（六）漏电开关

漏电保护器原理如图2-44所示。

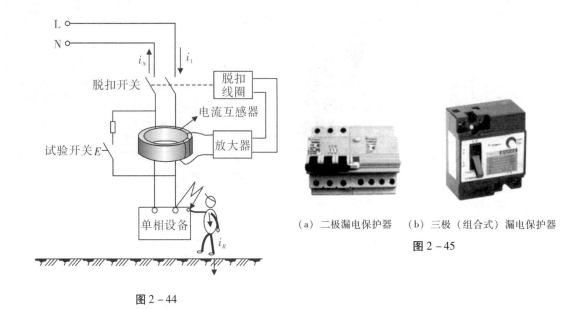

图2-44

（a）二极漏电保护器　（b）三极（组合式）漏电保护器

图2-45

（七）汽车点火线圈

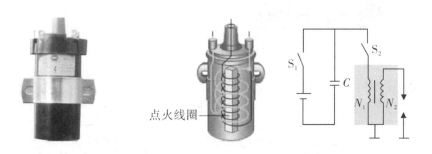

（a）汽车点火线圈的外形　　（b）点火线圈的电路结构

图2-46

（八）电磁铁

电磁铁是利用通有电流的铁心线圈对铁磁性物质产生电磁吸力的装置。它们都是由线圈、铁心和衔铁三个基本部分组成。电磁铁的几种结构形式如图2-47所示。

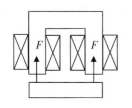
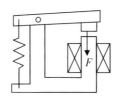
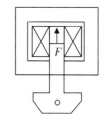

（a）马蹄式（起重电磁铁）　　　（b）拍合式（继电器）　　　（c）螺管式（电磁阀）

图 2 − 47

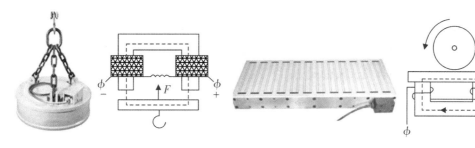

（a）起重电磁铁　　　　　　　　（b）平面磨床吸盘

图 2 − 48

（九）电磁继电器

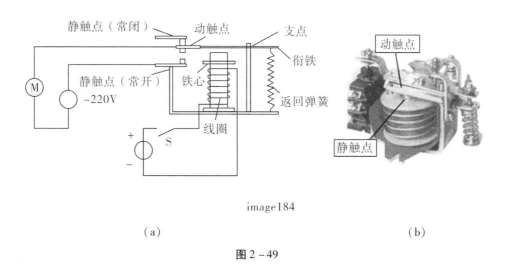

image184

（a）　　　　　　　　　　　　　　（b）

图 2 − 49

🔊 任务小结 🔊

（1）由于流过线圈自身的电流发生变化而引起的电磁感应现象称为自感。

（2）自感电动势的大小与电流的变化率和自感系数之积成正比。

（3）由一个线圈中的电流发生变化而在另一线圈中产生电磁感应的现象称为互感。

（4）由于线圈绕向一致而产生感应电动势的极性始终保持一致的端子称为线圈的同名端。

（5）两个线圈的一对异名端相接称为顺串；两个线圈的一对同名端相接称为反串。

（6）使原来没有磁性的物质具有磁性的过程称为磁化，只有铁磁性材料才能被磁化。

（7）铁磁物质根据其磁滞回线不同可分为软磁材料、硬磁材料、矩磁材料。

（8）磁路可分为无分支磁路和有分支磁路。

（9）主磁通：全部在磁路内部闭合的磁通称主磁通。

（10）漏磁通：部分经过磁路周围物质而自成回路的磁通称为漏磁通。

（11）磁路中磁阻的大小与磁路的长度 L 成正比，与磁路的横截面积 S 成反比，并与组成磁路材料的磁导率有关，其公式为：

$$R_m = \frac{L}{\mu S}$$

（12）磁路欧姆定律：通过磁路的磁通与磁动势成正比，而与磁阻成反比，称磁路欧姆定律，即：

$$\Phi = \frac{F_m}{R_m}$$

（13）磁场与磁路的基本物理量：

表2-6

名称	符号	定义式	意义	单位
磁通	Φ	$\Phi = BS$	描述磁场在某一范围内的分布及变化情况	Wb
磁感应强度	B	$B = \dfrac{\Phi}{S}$	描述磁场中某点处磁场的强弱	T
磁导率	μ	μ_0 真空磁导率 μ_r 相对磁导率 $u_r = \dfrac{u}{\mu_0}$	表示物质对磁场影响程度，也即表明物质的导磁能力，非铁磁物质的 μ 是一个常数，而铁磁物质的 μ 不是常数	H/m
磁动势	F_m	$F_m = NI$	描述磁路中产生磁通的条件和能力	A
磁阻	R_m	$R_m = \dfrac{L}{\mu S}$	描述磁路对磁通的阻力，它由磁路的材料、形状及尺寸决定	H^{-1}

（14）直流电磁铁和交流电磁铁的区别：

表 2 - 7

内容	直流电磁铁	交流电磁铁
空气隙对励磁电流的影响	励磁电流不变，与空气隙无关	励磁电流随空气隙的增大而增大
磁滞损耗和涡流损耗	无	有
吸力	恒定不变	脉动变化
铁心结构	由整块铸钢或工业纯铁制成	由多层彼此绝缘的硅钢片叠成

（15）变比：$\dfrac{U_1}{U_2} \approx \dfrac{E_1}{E_2} = \dfrac{N_1}{N_2} = k$；

$$\dfrac{I_1}{I_2} = \dfrac{N_2}{N_1} = \dfrac{1}{k}, \quad \dfrac{U_1}{U_2} = \dfrac{N_1}{N_2} = k$$

（16）自耦变压器的特点：副绕组是原绕组的一部分。原、副压绕组不但有磁的联系，也有电的联系。

（17）电流互感器：原绕组线径较粗，匝数较少，与被测电路负载串联；副绕组线径较细，匝数较多。其用于将大电流变换为小电流，使用时副绕组电路不允许开路。

（18）电压互感器：原绕组匝数较多，并联于待测电路两端；副绕组匝数较少。其用于将高电压变换成低电压，使用时副绕组不允许短路。

练习与思考 ≫≫

一、填空题

1. 自感现象是_____的一种，它是由线圈本身_____而引起的。

2. 自感电动势的大小与_____和_____之积成正比。

3. 由一个线圈中的电流发生变化而在另一线圈中产生电磁感应的现象称为_____ _____。

4. 由于线圈绕向一致而产生感应电动势的极性始终保持一致的端子称为线圈的_____ _____。

5. 两个线圈的一对异名端相接称为_____，两个线圈的一对同名端相接称为_____。

6. 使原来没有磁性的物质具有磁性的过程称为_____。

7. 磁路可分为_____和_____。

8. 全部在磁路内部闭合的磁通称_____，部分经过磁路周围物质而自成回路的磁通称为_____。

9. 通过磁路的磁通与磁动势成_____，而与磁阻成_____，称磁路欧姆定律。

二、选择题

1. 当线圈中通入（　　　）时，就会引起自感现象。

    A. 不变的电流　　　　　B. 变化的电流　　　　　C. 电流

2. 线圈中产生的自感电动势总是（　　　）。

    A. 与线圈内的原电流方向相同　　　　　B. 与线圈内的原电流方向相反

    C. 阻碍线圈内原电流的变化　　　　　D. 上面三种说法都不正确

3. 下面有 4 种说法，哪种说法是错误的（　　　）。

    A. 电路中有感应电流必有感应电势存在

    B. 电路中产生感应电势必有感应电流

    C. 自感是电磁感应的一种

    D. 互感是电磁感应的一种

4. 互感现象是指相邻 A、B 两线圈，由于 A 线圈中的（　　　）。

    A. 电流发生变化，使 B 线圈产生感应电动势的现象

    B. 位置发生变化，使 A、B 线圈的距离改变的现象

    C. 形状略微变化，对 B 线圈没有影响的现象

    D. 轴线与 B 线圈相互垂直时的现象

5. 自感现象是指线圈本身的（　　　）。

    A. 体积发生改变而引起的现象，如多绕几圈

    B. 线径发生变化的现象，如用粗线代替细线

    C. 铁磁介质变化，如在空心线圈中加入铁磁介质

    D. 电流发生变化而引起电磁感应现象

三、判断题

（　　）1. 自感电动势的大小与线圈的电流变化率成正比。

（　　）2. 副绕组是原绕组的一部分。原、副压绕组虽然有磁的联系，但没有电的联系。

（　　）3. 电流互感器的原绕组线径较粗，匝数很少，与被测电路负载串联。

（　　）4. 电流互感器使用时副绕组电路不允许开路。

（　　）5. 电压互感器的原绕组匝数很多，并联于待测电路两端。

（　　）6. 电压互感器的副绕组匝数较多，与电压表及电度表、功率表、继电器的电压线圈串联。

（　　）7. 电压互感器用于将高电压变换成低电压，使用时副绕组不允许短路。

参考答案

一、填空题

1. 电磁感应　电流发生变化　2. 电流的变化率　自感系数　3. 互感　4. 同名端

5. 顺串　反串　6. 磁化　7. 无分支磁路　有分支磁路　8. 主磁通　漏磁通　9. 正比反比

二、选择题

1. B　2. C　3. B　4. A　5. D

三、判断题

1. √　2. ×　3. √　4. √　5. √　6. ×　7. √

交流电路

任务 **1** 正弦交流电的基本概念

学习目标 》

（1）了解正弦交流电的产生和特点。

（2）理解正弦交流电的有效值、频率、初相位及相位差的概念。

学习内容 》

如果在电路中电动势的大小与方向均随时间按正弦规律变化，由此产生的电流、电压大小和方向也是正弦的，那么这样的电路就称为正弦交流电路。

一、正弦交流电的产生

实验用简易交流发电机如图 3 − 1 所示：

（a）原理示意图

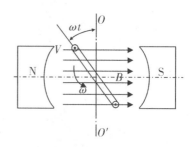

（b）线圈截面图

图 3 − 1

正弦交流电的产生如图 3 - 2 所示：

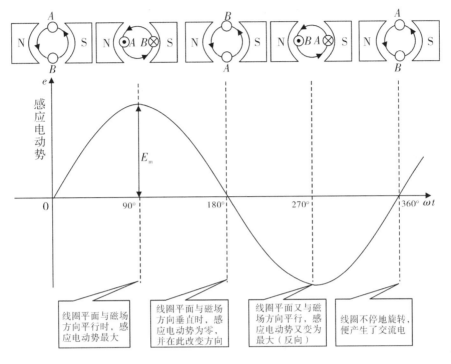

图 3 - 2

$$e = E_m \sin (\omega t + \varphi)$$
$$u = U_m \sin (\omega t + \theta_u)$$
$$i = I_m \sin (\omega t + \theta_i)$$

【知识拓展】

旋转磁极式发电机

大型水力发电机组

正弦交流电的优越性：便于传输；便于运算；有利于电器设备的运行。

下面介绍正弦交流电路的基本物理量。

二、周期和频率

1. 周期

从图 3-3 可以看出，u 是一个按正弦规律变化的交流电压。我们把交流电完成一次周期性变化所需的时间称为交流电的周期，用符号 T 表示，单位是 s。周期较小的单位还有 ms、μs。图中，在横坐标轴上由 0 到 a 或由 a 到 b 的这段时间就是一个周期。

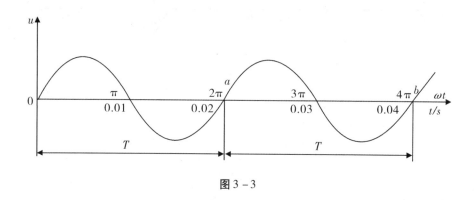

图 3-3

2. 频率

交流电在 1s 内完成周期性变化的次数叫作交流电的频率，用符号 f 表示，单位是 Hz，简称赫。频率较大的单位还有 kHz 和 MHz。

根据定义，周期和频率互为倒数，即：

$$f = 1/T \text{ 或 } T = 1/f \tag{3-1}$$

在我国的电力系统中，国家规定动力和照明用电的频率为 50Hz，习惯上称为工频，其周期为 0.02s。

频率和周期都是反映交流电变化快慢的物理量，即周期越短（频率越高），交流电变化就越快。

3. 角频率

交流电变化的快慢，除了用周期和频率表示外，还可以用角频率表示。通常交流电变化一周也可用 2π 弧度来计量。交流电每秒所变化的角度（电角度），叫作交流电的角频率，用符号 ω 表示，单位是 rad/s。周期、频率和角频率的关系为：

$$\omega = 2\pi/T = 2\pi f \tag{3-2}$$

例如，频率为 50Hz 的交流电，其角频率为 314rad/s。

三、瞬时值和最大值

1. 瞬时值

交流电在某一时刻的值称为在这一时刻交流电的瞬时值。电动势、电压和电流的瞬时值分别用小写字母 e、u 和 i 表示。

2. 最大值

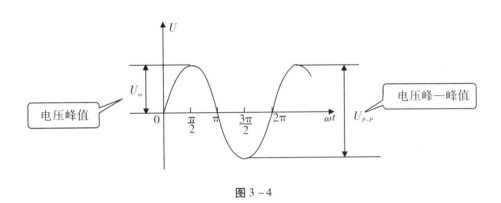

图 3 - 4

如图 3 - 4，最大的瞬时值称为最大值，也称为幅值或峰值。电动势、电压和电流的最大值分别用符号 E_m、U_m 和 I_m 表示。在波形图中，曲线的最高点对应的值即为最大值。e 的最大值为 E_m 交流电的最大值，是交流电在一个周期内所能达到的最大数值，可用来表示交流电的电流强弱或电压高低，在实际中很有意义。如电容器用于交流电路中时所承受的耐压值，就是最大值。如果交流电最大值超过电容器所能承受的耐压值，那么电容器就有被击穿的可能。

四、有效值和平均值

1. 有效值

图 3 - 5

交流电的有效值是根据电流的热效应来规定的，让一个交流电流和一个直流电流分别通过阻值相同的电阻，如果在相同时间内产生的热量相等，那么就把这一直流电的数值叫作这一交流电的有效值。交流电动势、电压和电流的有效值分别用大写字母 E、U 和 I 表示。

计算表明，正弦交流电的有效值和最大值之间有如下关系：

$$E = E_m / \sqrt{2} = 0.707 E_m$$

$$U = U_m / \sqrt{2} = 0.707 U_m$$

$$I = I_m / \sqrt{2} = 0.707 I_m$$

通常所说的交流电的电动势、电压、电流的值，凡是没有特别说明的，都是指有效值。例如，照明电路的电源电压为 220V，动力电路的电源电压为 380V；用交流电工仪表测量出来的电流、电压都是指有效值；交流电气设备铭牌上所标的电压、电流的数值也都是指有效值。

2. 平均值

正弦交流电的波形是对称于横轴的，在一个周期内的平均值恒等于零，所以一般所说的平均值是指半个周期内的平均值。

五、相位和相位差

1. 相位

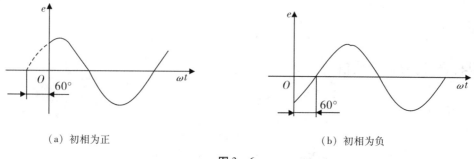

（a）初相为正　　　　　　　　　　　（b）初相为负

图 3 - 6

由式 $e = E_m \sin (\omega t + \varphi)$ 可知，电动势的瞬时值 e 是由振幅 E_m 和正弦函数 $\sin (\omega t + \varphi)$ 共同决定的。我们把 t 时刻线圈平面与中性面的夹角（$\omega t + \varphi$）叫作该正弦交流电的相位或相角。φ 是 $t = 0$ 时的相位，叫作初相位，简称初相，它反映了正弦交流电起始时刻的状态。

交流电的初相可以为正，也可以为零或负。初相一般用弧度表示，也可用角度表示。这个角通常用不大于180°的角来表示。图3-6（a）和（b）中 e 分别表示初相为 +60° 及初相为 -60° 的两个正弦电动势的波形。

2. 相位差

两个同频率交流电的相位之差叫作相位差。设 $e_1 = E_{m_1} \sin(\omega t + \varphi_1)$，$e_2 = E_{m_2} \sin(\omega t + \varphi_2)$，则其相位差为：

$$\Delta\varphi = (\omega t + \varphi_1) - (\omega t + \varphi_2) = \varphi_1 - \varphi_2 \qquad (3-3)$$

这里要注意的是：初相的大小与时间起点的选择（计时时刻）密切相关，而相位差与时间起点的选择无关。

根据两个同频率交流电的相位差，可以确立两个交流电的相位关系。

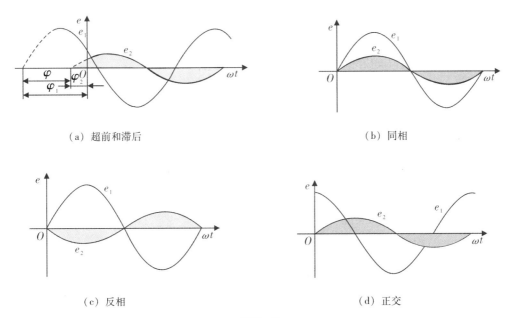

（a）超前和滞后　　　　　　　　　　　（b）同相

（c）反相　　　　　　　　　　　（d）正交

图 3-7

如果 $\Delta\varphi = \varphi_1 - \varphi_2 > 0$，那么 e_2 超前 e_1，或者说 e_1 滞后 e_2。在图3-7（a）中，e_2 超前 e_1，或 e_2 滞后 e_1。

如果 $\Delta\varphi = \varphi_1 - \varphi_2 = 0$，那么就称这两个交流电同相。在图3-7（b）中，$e_1$ 与 e_2 同相。

如果 $\Delta\varphi = \varphi_1 - \varphi_2 = 180°$，那么就称这两个交流电反相。在图3-7（c）中，$e_1$ 与 e_2 反相。

如果 $\Delta\varphi = \varphi_1 - \varphi_2 = 90°$，那么就称这两个交流电正交。在图3-5（d）中，$e_1$ 与 e_2 正交。

交流电的相位差实际上反映了两个交流电在时间上谁先到达最大值的问题，也就是它们到达最大值有一段时差，时差的大小等于相位差除以角频率。

有效值（或最大值）、频率（或周期、角频率）和初相是表征正弦交流电的三个重要物理量，通常把它们称为正弦交流电的三要素。

例 3-1 已知正弦交流电压 $u = 311\sin(314t - \pi/6)$ V，试求：

（1）最大值和有效值；

（2）角频率、频率和周期；

（3）相位和初相位；

（4）$t = 0$ 和 $t = 0.01$s 时电压瞬时值。

解：由式子 $u = 311\sin(314t - \pi/6)$ V 可知：

（1）最大值：$U_{\mathrm{m}} = 311$V　有效值：$U = 311/\sqrt{2} = 220$V

（2）角频率：$\omega = 314$rad/s

频率：$f = \omega/2\pi = 314/(2 \times 3.14) = 50$Hz

周期：$T = 1/f = 1/50 = 0.02$s

相位：$314t - \pi/6$

初相位：$\varphi = -\pi/6$

例 3-2 已知某正弦交流电动势的有效值为 100V，频率为 50Hz，初相为 60°，试写出它的瞬时值表达式。

解：由已知可得：

$$E_{\mathrm{m}} = 100 \times \sqrt{2} = 141.4\text{V}$$

$$\omega = 2\pi f = 2 \times 3.14 \times 50 = 314\text{rad/s}$$

$$\varphi = 60°$$

由电动势的表达式：$e = E_{\mathrm{m}}\sin(\omega t + \varphi)$ 可得：

$$e = 141.4\sin(314t + 60°)\ \text{V}$$

任务 ② 单一参数交流电路

学习目标 》》

（1）了解纯电阻正弦交流电路、纯电感正弦交流电路、纯电容正弦交流电路中电压与电流之间的相位关系和数量关系。

（2）理解交流电路中瞬时功率、有功功率和无功功率的概念。

（3）理解电感和电容的储能特性。

学习内容 》》》

一、纯电阻正弦交流电路

交流电路中如果只有线性电阻，那么这种电路就叫作纯电阻正弦交流电路，如图 3 − 8 所示。负载为白炽灯、电炉、电烙铁的交流电路都可近似看成是纯电阻电路。下面我们讨论正弦交流电压加在电阻两端时的情况。

（一）电流与电压的关系

设加在电阻两端的正弦电压为：

$$U_R = U_{R_m} \sin\omega t$$

实验表明，交流电流与电压的瞬时值，仍然符合欧姆定律，即：

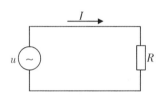

图 3 − 8

$$i = U_R/R = U_{R_m} \sin\omega t/R = I_m \sin\omega t \qquad (3-4)$$

可见在纯电阻电路中，电流 i 与电压 U_R 是同频率、同相位的正弦量。

$I_m = U_{R_m}/R$ 如在等式两边同除以 $\sqrt{2}$，则得：

$$I = U_R/R \quad \text{或} \quad U_R = IR \qquad (3-5)$$

这说明在纯电阻正弦交流电路中，电流、电压的瞬时值、最大值及有效值与电阻 R 之间的关系均符合欧姆定律。

（二）电路的功率

在交流电路中，电压和电流是不断变化的，我们把电压瞬时值 u 和电流瞬时值 i 的乘积称为瞬时功率，用小写字母 p 表示，即：

$$p = ui \qquad (3-6)$$

瞬时功率的变化曲线如图 3 − 9 所示。由于电流与电压同相，所以瞬时功率总是正值（或者为零），表明电阻总是在消耗功率，是一种耗能元件。

瞬时功率的计算和测量很不方便，一般只用于分

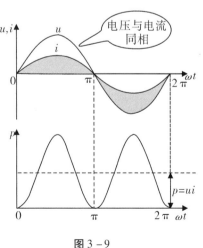

图 3 − 9

析能量的转换过程。为了反映电阻所消耗功率的大小，在工程上常用平均功率（也叫有功功率）表示。所谓平均功率就是瞬时功率在一个周期内的平均值，用大写字母 P 表示，即：

$$P = UI = I^2 R = \frac{U^2}{R} \qquad (3-7)$$

计算公式和直流电路中计算电阻功率的公式相同，但应该注意的是，这里的 P 是平均功率，U_R 和 I 是有效值。

例 3-3　一只 10Ω 的电阻接在 $U = 220\sqrt{2}\sin(314t+30°)$ V 的电源上

（1）试写出电流的瞬时值表达式；（2）求电阻消耗的功率。

解：（1）$I = U/R = 220/10 = 22\text{A}$

$$i = 22\sqrt{2}\sin(314t+30°)\ \text{A}$$

（2）$P = U_R{}^2/R = 220^2/10 = 4\ 840\text{W}$

二、纯电感正弦交流电路

在交流电路中，如果只用电感线圈做负载，而且线圈的电阻和分布电容均可忽略不计，那么这样的电路就叫作纯电感电路，如图 3-10 所示。

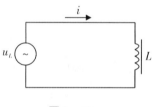

图 3-10

（一）电流与电压的关系

在电感线圈两端加上交流电压 u_L，线圈中必定要产生交流电流 i。由于这一电流时刻都在变化，因而线圈内将产生感应电动势，其大小为：

$$e_L = -L\Delta i/\Delta t$$

则线圈两端的电压为：

$$u_L = -e_L = L\Delta i/\Delta t$$

设通过线圈的电流为：

$$i = I_m\sin\omega t$$

电流波形如图 3-11 所示，现在把一个周期电流的变化分成四个阶段来讨论：

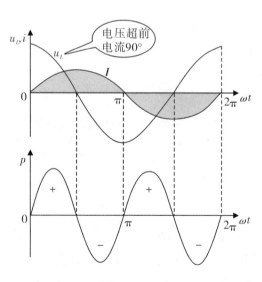

图 3-11

在 0—π/2 即第一个 1/4 周期内，电流从零增加到最大正值。电流变化率 $\Delta i/\Delta t$ 为正值并且开始时最大，然后逐渐减小到零，电压 u_L 也从最大正值逐渐变为零。

在 π/2—π 即第二个 1/4 周期内，电流从最大正值减小到零。电流变化率 $\Delta i/\Delta t$ 为负值，并且从零变到最大负值。u_L 也从零变到最大负值。

在 π—3π/2 即第三个 1/4 周期内，电流从零变化到最大负值。电流变化率仍为负值，且从最大负值变化到零，u_L 也从最大负值变化到零。

在 3π/2—2π 即第四个 1/4 周期内，电流从最大负值变到零。电流变化率为正值，且从零变到最大正值，u_L 也从零变到最大正值。

由以上分析可得出如下结论：在纯电感电路中，电感两端的电压超前电流 90°，或者说，电流滞后电压 90°。设流过电感的正弦电流的初相为零，则电流、电压的瞬时值表达式为：

$$i = I_{m}\sin\omega t$$
$$U_L = U_{L_{m}}\sin\ (\omega t + \pi/2)$$

电流、电压的相量图如图 3 – 12 所示。

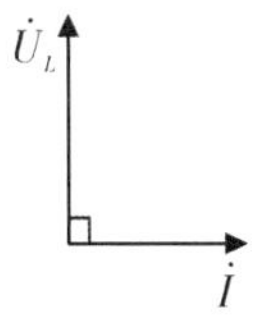

可以证明，电流与电压最大值之间的关系为：

$$U_{L_{m}} = \omega L I_{m}$$

两边同除以 $\sqrt{2}$，可得到有效值之间的关系为：

图 3 – 12

$$U_L = \omega L I \text{ 或 } I = U_L/\omega L$$

若将 ωL 用符号 X_L 表示，则可得到：

$$I = \frac{U}{X_L} \tag{3 – 8}$$

这说明在纯电感正弦交流电路中，电流与电压的最大值及有效值之间也符合欧姆定律。

（二）感抗

由式（3 – 8）可以看出，当电压一定时，若 X_L 增大，电路中的电流就减小；反之，若 X_L 减小，电流就增大。这表明 X_L 具有阻碍电流流过电感线圈的性质，所以 X_L 称为电感元件的电抗，简称感抗。感抗的计算公式为：

$$X_L = \omega L = 2\pi f L \tag{3 – 9}$$

感抗的单位和电阻一样也是 Ω。

感抗 X_L 与自感系数 L 和频率 f 两个量都有关系。当自感系数 L 一定时，频率 f 越高，

感抗 X_L 越大。这是因为电流的频率越高，电流变化得越快，产生的自感电动势就越大，阻碍电流通过的能力也就越大，所以感抗越大，高频电流不易通过电感线圈。但对直流电，它的频率为零，则 $X_L = 0$，因此电感线圈对于直流相当于短路，直流及低频电流很容易通过电感线圈。当 f 一定时，L 越大，产生的自感电动势也越大，阻碍电流通过的能力也越大，所以 X_L 也就越大。电感线圈这种"通直阻交"的性质极为重要，在电工和电子技术中有广泛应用，例如高频扼流圈就是利用感抗随频率增高而增大的性质制成的。

应该注意：感抗 X_L 只等于电感元件上电压与电流的最大值或有效值之比，不等于它们的瞬时值之比，即：$X_L \neq \dfrac{u}{i}$。这是因为 u 和 i 的相位不同，而且感抗只对正弦电流才有意义。

（三）电路的功率

1. 瞬时功率

纯电感正弦交流电路中的瞬时功率等于电流瞬时值与电压瞬时值的乘积，即：

$$p = U_L \sin 2\omega t \qquad (3-10)$$

由此可知，电感元件的瞬时功率 p 也是按正弦规律变化的，其频率为电流频率的 2 倍。可见，在电流变化一个周期内，瞬时功率变化两周，即两次为正，两次为负，数值相等，平均功率为零；也就是说，纯电感元件在交流电路中不消耗电能。

2. 无功功率

电感线圈不消耗电源的能量，但电感元件与电源之间在不断地进行周期性的能量交换。

在第一个 1/4 周期内，电流 I 由零增加到最大值，I 与 U 方向相同，瞬时功率为正，表明电感线圈吸取电能并转换成磁场能，并将磁场能储存在线圈的磁场中。

在第二个 1/4 周期内，电流 I 由最大值减小到零，I 与 U 的方向相反，瞬时功率为负，表明电感线圈释放磁场能量并转换成电能还给电源。

在第三、四个 1/4 周期内，能量交换的物理过程分别与第一、二个 1/4 周期的物理过程相同，只是所建立的磁场方向与原来磁场方向相反。

为了反映电感元件与电源之间进行能量交换的规模，我们把瞬时功率的最大值，叫作电感元件的无功功率，用符号 Q_L 表示，其数学表达式为：

$$Q_L = U_L I = I^2 X_L = \frac{U_L^2}{X_L} \qquad (3-11)$$

无功功率的单位为 Var 和 KVar。

无功功率反映的是储能元件与外界交换能量的规模。因此，"无功"的含义是"交换"而不是消耗，是相对"有功"而言的，绝不能理解为"无用"。

例 3-4 一个 5mH 的线圈，接在 $U = 20\sqrt{2}\sin(314t + 30°)$ V 的电源上

（1）试写出电流的瞬时值表达式；（2）求电路的无功功率。

解：（1）$X_L = 2\pi fL = 2 \times 3.14 \times 50 \times 0.005 = 1.57\Omega$

$$I = U_L / X_L = 20 / 1.57 = 12.7A$$

$$i = 12.7\sqrt{2}\sin(314t - 60°) \ A$$

（2）$Q_L = U_L^2 / X_L = 20^2 / 1.57 = 255W$

三、纯电容正弦交流电路

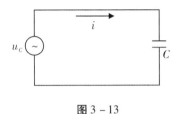

图 3-13

在交流电路中，如果只用电容器做负载，而且电容器的绝缘电阻很大，介质损耗和分布电感均可忽略不计，那么这样的电路就叫作纯电容电路，如图 3-13 所示。

（一）电流与电压的关系

直流电是不能通过电容器，但当电容器接到交流电路中时，由于外加电压不断变化，电容器就不断进行充、放电，电路中也就有了电流，就好似交流电"通过"了电容器。电容器两端的电压是随电荷的积累（即充电）而升高，随电荷的释放（即放电）而降低的。由于电荷的积累和释放需要一定的时间，因此电容器两端的电压变化总是滞后于电流的变化。

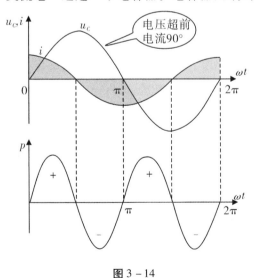

图 3-14

设在 Δ 时间内电容器极板上的电荷变化量是 ΔQ，则有：

$$i = \Delta Q / \Delta t = C\Delta u / \Delta t \qquad (3-12)$$

式（3-12）表明，电容器中的电流与电容器两端的电压的变化率成正比。在图 3-14 中画出了电压的变化波形，我们根据式（3-12）分析电流的变化情况：

在 0—π/2 即第一个 1/4 周期内，u_C 从零增加到最大正值，电压变化率为正值，并且开始时最大，然后逐渐减小到零。根据式（3-12)可知，电流 i 从最大正值逐渐变化到零。

在 π/2—π 即第二个 1/4 周期内，u_C 从最大正值变化到零，变化率为负值，并从零变化到最大负值，此间电流也从零变化到最大负值。

在 π—3π/2 即第三个 1/4 周期内，u_C 从零变化到最大负值，变化率为负值，并从最大负值变化到零，此间电流也从最大负值变化到零。

在 3π/2—2π 即第四个 1/4 周期内，u_C 从最大负值变化到零，变化率为正值，并从零变化到最大正值，此间电流也从零变化到最大正值。

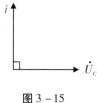

由以上分析可得出如下结论：纯电容电路中，电流超前电压 90°，这与纯电感电路的电流、电压相位关系正好相反。电流、电压的相量图如图 3－15 所示。设加在电容器两端的交流电压的初相为零，则电流、电压的瞬时值表达式为：

图 3－15

$$u_C = U_{C_m}\sin\omega t$$

$$i = I_m\sin(\omega t + \pi/2)$$

由数学推导可知，电压与电流最大值的关系为：

$$I_m = \omega C U_{C_m} = U_{C_m}/1/\omega C \qquad (3-13)$$

若把式（3－13）两边同除以 $\sqrt{2}$，可得到有效值之间的关系为：

$$I = \omega C U_C = U_C/1/\omega C \ 或\ U_C = 1/\omega C$$

若将 $1/\omega C$ 用称号 X_C 表示，则可得到：

$$I = \frac{U}{X_C} \qquad (3-14)$$

这说明与纯电感电路相似。在纯电容正弦交流电路中，电流与电压的最大值及有效值之间也符合欧姆定律。

（二）容抗

由式（3－14）可以看出，X_C 起着阻碍电流通过电容器的作用，所以把 X_C 称为电容器的电抗，简称容抗。其计算式为：

$$X_C = 1/\omega C = 1/2\pi f C \qquad (3-15)$$

容抗的单位为 Ω，和电阻、感抗的单位相同。

显然，当频率一定时，在同样大小的电压作用下，电容越大，储集的电荷越多，充、放电的电流就越大，容抗就越小；当外加电压和电容一定时，频率越高，充、放电就进行得越快，充、放电的电流就越大，容抗就越小。因此，高频电流容易通过电容元件。而在直流电路中，当频率 $f = 0$，$X_C \to \infty$ 时，可视为开路，所以直流电不能通过电容元件。这就是电容元件的"隔直通交"作用。

与感抗相似，容抗 X_c 只等于电容元件上电压与电流的最大值或有效值之比，不等于它们的瞬时值之比。容抗只对正弦电流才有意义。

（三）电路的功率

1. 瞬时功率

纯电容电路的瞬时功率同样可由 $p = ui$ 求出。

$$p = ui = U_c I \sin 2\omega t \qquad (3-16)$$

由此可知，电容元件的瞬时功率 p，也是一个按 2 倍于电流频率变化的正弦函数。

从图 3-14 中可以看出，在第一和第三两个 1/4 周期内，电压的绝对值在增加，电容器处在充电状态，电流与电压同向，瞬时功率为正，说明电容器吸收电源的能量，建立电场，储存电场能量，此时电容器起着一个负载的作用。

在第二和第四两个 1/4 周期内，电压的绝对值在减小，电容器处在放电状态，电流与电压反向，瞬时功率为负，说明电容器在释放能量，将电场能转换成电能送回给电源，此时电容器又起着一个电源的作用。

所以电容元件和电感元件一样也是一个储能元件。当然，我们这里讨论的电容元件，绝缘介质材料质量要十分优良，没有漏电。电容本身没有能量损耗，所以充电时吸收的能量和放电时释放的能量相等，一个周期内的平均功率（有功功率）为零。

2. 无功功率

为了衡量电容元件与电源之间进行能量交换的规模，和分析电感元件的无功功率相类似，我们把电容元件的瞬时功率的最大值叫作电容元件的无功功率，用 Q_C 表示，即：

$$Q_C = UI = I^2 X_C = \frac{U^2}{X_C} \qquad (3-17)$$

无功功率 Q_C 的单位为 Var 和 KVar。

例 3-5　一个 10μ 的电容器，接在 $u = 220\sqrt{2}\sin(314t + 30°)$ V 的电源上
（1）试写出电流的瞬时值表达式；（2）根据电压的相量图求出电路的无功功率。

解：（1）$X_C = 1/\omega C = 1/314 \times 10 \times 10^{-6} = 318\Omega$

　　　　$I = U_c/X_C = 220/318 = 0.69A$

　　　　$i = 0.69\sqrt{2}\sin(314t + 120°)$ A

　　　（2）$Q_C = U^2/X_C = 220^2/318 = 152W$

任务 ③ RLC 串/并联电路

▶ 学习目标 ≫

（1）了解 RLC 串联电路中电压与电流之间的关系。

（2）了解 RLC 串联谐振电路的特点。

（3）了解 RLC 并联电路中电压与电流之间的相位关系和数量关系。

（4）了解 RLC 并联谐振电路的特点和应用。

（5）理解感性负载并联电容提高功率因数的原理。

▶ 学习内容 ≫

一、RLC 串联正弦交流电路

电阻、电感和电容的串联电路（简称 RLC 串联电路）如图 3 – 16 所示。设在此电路中通过的正弦交流电流为：

$$i = \sqrt{2} I \sin\omega t$$

则电阻电压、电感电压、电容电压都是和电流同频率的正弦量，即：

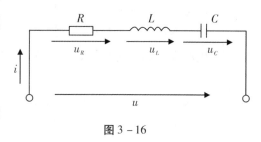

图 3 – 16

$$u_R = \sqrt{2} IR \sin\omega t$$

$$u_L = \sqrt{2} IX_L \sin\left(\omega t + \pi/2\right)$$

$$u_C = \sqrt{2} IX_C \sin\left(\omega t + \pi/2\right)$$

电路总电压的瞬时值为：$u = u_R + u_L + u_C$

总电压 u 也是和电流 i 同频率的正弦量。对应的相量关系为：

$$U = U_R + U_L + U_C$$

（一）电压与电流的关系

为了求出电压 U，作出电路中电流和各电压的相量图，如图 3 – 17 所示。此时假设 $U_L > U_C$ 即 $X_L > X_C$，由相量图可以看出，电感上电压和电容上电压相位相反，我们把两个电压之和称为电抗电压，用 u_X 表示：

$$u_X = u_L + u_C$$

相量形式为：

$$U_X = U_L + U_C$$

根据相量图，我们可以求出：

$$U = U_R + U_L + U_C = U_R + U_x$$

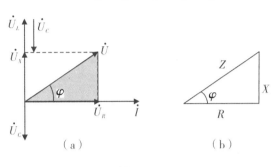

图 3-17

如图 3-17（b）所示 U_R、U_X 和 U 组成电压三角形，由它们可以求出总电压的有效值：

$$U = \sqrt{U_R{}^2 + (U_L - U_C)^2} = I\sqrt{R^2 + (X_L - X_C)^2} \qquad (3-18)$$

$$U = I\sqrt{R^2 + (X_L - X_C)^2} = I\sqrt{R^2 + X^2} = IZ$$

（二）阻抗

在式（3-18）中，$X = X_L - X_C$ 称为电路的电抗，单位为 Ω。电路中电压与电流有效值的比值为：

$$U/I = \sqrt{R^2 + X^2} = Z \qquad (3-19)$$

称为电路的阻抗，单位也为 Ω。阻抗 Z、电阻 R、电抗 X 组成阻抗三角形，如图 3-17（b）所示。

（三）功率

在 R、L、C 串联电路中的瞬时功率是三个元件瞬时功率之和，即：

$$p = p_R + p_L + p_C$$

在电阻、电感、电容串联电路中，电阻消耗的功率为总电路有功功率，即平均功率。总电路的无功功率为电感和电容上的无功功率之差。

有功功率：

$$P = I^2R = U_R I$$

无功功率：$Q = Q_L - Q_C = I^2 X_L - I^2 X_C = U_L I - U_C I = （U_L - U_C）I = U_X I$

当 $X_L > X_C$ 时，Q 为正，表示电路中为感性无功功率；当 $X_L < X_C$ 时，Q 为负，表示电路中为容性无功功率；当 $X_L = X_C$ 即 $X = 0$，无功功率 $Q = 0$，电路处于谐振状态，只有电感与电容之间进行能量交换。

视在功率：

$$S = UI \qquad\qquad (3-20)$$

视在功率、有功功率、无功功率组成功率三角形关系：

$$S = \sqrt{P^2 + Q^2} \quad P = S\cos\varphi \quad Q = S\sin\varphi \qquad (3-21)$$

功率因数：

$$\cos\varphi = P/S = U_R/U = R/Z \qquad (3-22)$$

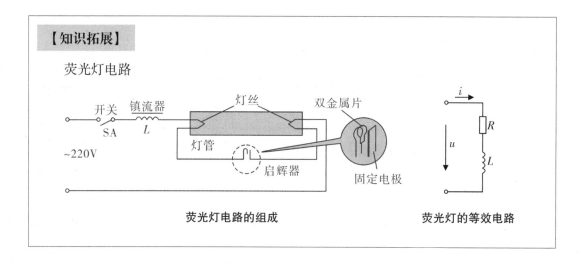

【知识拓展】

荧光灯电路

荧光灯电路的组成 　　　　　　荧光灯的等效电路

二、RLC 并联正弦交流电路

电阻、电感和电容的并联电路（简称 RLC 并联电路）如图 3-18 所示。

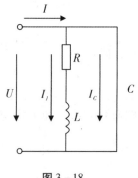

图 3-18

第一支路（电阻、电感串联支路）电流 I_1 的有效值为：

$$I_1 = \frac{U}{Z_1} = \frac{U}{\sqrt{R^2 + X_L^2}} \qquad (3-23)$$

I_1 滞后于电压 U 的相位角为：

$$\varphi_1 = \arctan\frac{X_L}{R}$$

第二支路（电容支路）电流 I_C 的有效值为：

$$I_C = \frac{U}{Z_2} = \frac{U}{X_C} \qquad\qquad (3-24)$$

I_C 超前于电压 U 的相位角为：$\varphi_C = 90°$

1. 相量图

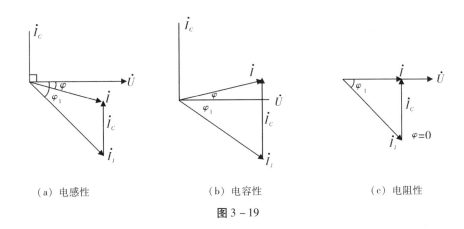

（a）电感性 　　　　（b）电容性 　　　　（c）电阻性

图 3-19

$$I = \sqrt{\left(I_1\cos\varphi_1\right)^2 + \left(I_1\sin\varphi_1 - I_C\right)^2} \qquad \varphi = \arctan\frac{I_1\sin\varphi_1 - I_C}{I_1\cos\varphi_1}$$

2. 电路的三种性质

（1）电感性电路。

当 $I_1\sin\varphi_1 - I_C > 0$ 时，总电压超前总电流。

（2）电容性电路。

当 $I_1\sin\varphi_1 - I_C < 0$ 时，总电压滞后总电流。

（3）谐振电路。

当 $I_1\sin\varphi_1 - I_C = 0$ 时，总电压和总电流同相位。

▶▶ 任务小结 ▶▶

（1）正弦交流电的解析式（瞬时值表达式）为：

$$u = U_m\sin\left(\omega t + \varphi_0\right) = U_m\sin\left(2\pi f t + \varphi_0\right)$$

（2）最大值、角频率和初相位称为正弦交流电的三要素。与三要素相关的主要概念还

有：频率 $f = \dfrac{\omega}{2\pi}$；周期 $T = \dfrac{1}{f}$；有效值 $I = \dfrac{I_m}{\sqrt{2}}$、$U = \dfrac{U_m}{\sqrt{2}}$、$E = \dfrac{E_m}{\sqrt{2}}$；平均值 $X_P = \dfrac{2}{\pi}I_m$、$U_P = \dfrac{2}{\pi}U_m$、

$$E_P = \frac{2}{\pi} E_{\mathrm{m}} \circ$$

（3）电容对交流电的阻碍作用称为容抗，用 X_C 表示。容抗的单位也是欧姆（Ω）。容抗的计算式为 $X_C = \frac{1}{\omega C} = \frac{1}{2\pi f C} \circ$

容抗与频率的关系可以简单概括为：隔直流，通交流，阻低频，通高频，因此电容也被称为高通元件。

（4）电感对交流电的阻碍作用称为感抗，用 X_L 表示。感抗的单位也是欧姆（Ω）。感抗的计算式为 $X_L = \omega L = 2\pi f L \circ$

感抗与频率的关系可以简单概括为：通直流，阻交流，通低频，阻高频，因此电感也称为低通元件。

（5）电容和电感都是储能元件。

（6）单一参数交流电路的特性见表 3 – 1。

表 3 – 1

电器性质	电压与电流有效值的关系	电压与电流的相位关系	功率
电阻性	$U = RI$	同相	$P = UI$
电感性	$X_L = 2\pi f L$，$U = X_L I$	电压超前电流90°	$P = 0$ $Q = UI$
电容性	$X_C = \frac{1}{2\pi f C}$，$U = X_C I$	电压滞后电流90°	$P = 0$ $Q = UI$

（7）多个参数的交流电路中，电路总电压 $U = IZ$；有功功率 $P = UI\cos\varphi$；无功功率 $Q = UI\sin\varphi$；视在功率 $S = UI$；其中 $\cos\varphi$ 为功率因数。

（8）在 RLC 串联电路中，阻抗：$Z = \sqrt{R^2 + (X_L - X_C)^2}$。当 $X_L = X_C$ 时，电路总电流与总电压同相，电路呈电阻性，称为串联谐振，又称为电压谐振。此时总阻抗最小，总电压最小，但电感和电容两端的电压会大大超过电源电压。

串联谐振时，频率 $f = \frac{1}{2\pi\sqrt{LC}} \circ$

（9）在 RLC 并联电路中，当电感线圈支路与电容支路的电流关系为 $I_L = I_C$ 时，电路总电流与总电压同相，电路呈电阻性，称为并联谐振，又称为电流谐振。此时总阻抗最大，总电流最小，但电感或电容支路的电流会大大超过总电流。

并联谐振时，频率 $f = \frac{1}{2\pi\sqrt{LC}} \circ$

任务 ④ 三相交流电路

学习目标

（1）了解三相交流电的优点及其产生。

（2）掌握三相电源绕组星形连接时线电压和相电压的关系。

学习内容

一、三相交流电概述

（一）三相交流电具有以下优点

（1）三相发电机比体积相同的单相发电机输出的功率要大。

（2）三相发电机的结构不比单相发电机复杂多少，而使用、维护都比较方便，运转时比单相发电机的振动要小。

（3）在同样条件下输送同样大的功率，特别是在远距离输电时，三相输电比单相输电节约材料。

（4）从三相电力系统中可以很方便地获得三个独立的单相交流电。当有单相负载时，可使用三相交流电中的任意一相。

（二）三相正弦电动势的产生

三相正弦电动势一般是由发电厂中的三相交流发电机产生的。它主要由定子和转子构成。示意图见图 3 – 20。

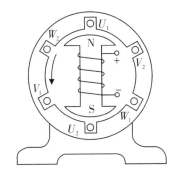
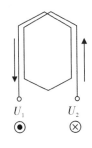
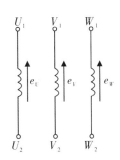

图 3 – 20

三相定子绕组依次切割磁感线，产生三个对称的正弦交流电动势，其解析式为

$$\begin{cases} e_U = E_m \sin (\omega t + 0°) \text{ V} \\ e_V = E_m \sin (\omega t - 120°) \text{ V} \\ e_W = E_m \sin (\omega t + 120°) \text{ V} \end{cases} \tag{3-25}$$

三相对称电动势的波形图和相量图如图 3 - 21 所示：

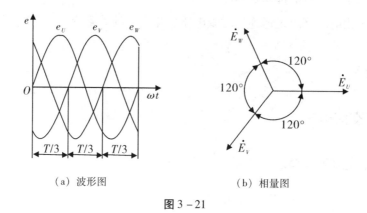

（a）波形图　　　　　（b）相量图

图 3 - 21

三相对称交流电动势到达最大值的先后次序称为相序。如按 $U \rightarrow V \rightarrow W \rightarrow U$ 的次序循环称为正序；按 $U \rightarrow W \rightarrow V \rightarrow U$ 的次序循环则称为负序。

二、三相电源绕组的连接

三相发电机的每一相绕组都是一个独立的电源，可以单独地接上负载，成为彼此不相关的三相电路，需要六根导线来输送电能。但这样很不经济，没有实用价值，如图 3 - 22 所示。

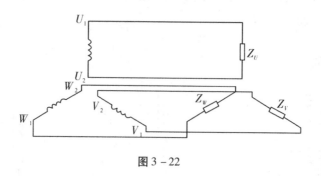

图 3 - 22

三相电源的三相绕组一般都按两种方式连接起来供电：一种是星形（丫形）连接，一种是三角形（△形）连接。

1. 三相电源绕组的星形连接

三相四线制电路如图所示：

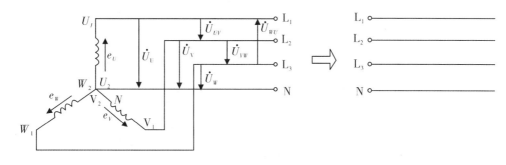

图 3 – 23

将三相发电机中三相绕组的末端 U_2、V_2、W_2 连在一起，始端 U_1、V_1、W_1 引出作输出线，这种连接称为星形接法，用 丫 表示。从始端 U_1、V_1、W_1 引出的三根线称为相线或端线，俗称火线；末端接成的一点称为中性点，简称中点，用 N 表示；从中性点引出的输电线称为中性线，简称中线。低压供电系统的中性点是直接接地的，我们把接大地的中性点称为零点，而把接地的中性线称为零线。工程上，U、V、W 三根相线分别用黄、绿、红颜色来区别。

有中线的三相制叫作三相四线制，如图 3 – 23 所示。无中线的三相制叫作三相三线制。

电源每相绕组两端的电压称为电源的相电压，用 U_U、U_V、U_W 表示。相电压的参考方向规定为始端指向末端。有中线时，各相线与中线的电压就是相电压。相线与相线之间的电压称为线电压，用 U_{UV}、U_{VW}、U_{WV} 表示，规定线电压的参考方向是自 U 相指向 V 相，V 相指向 W 相，W 相指向 U 相。

现在来研究三相电源绕组接成星形时，线电压与相电压的关系。

一般电源绕组的阻抗很小，故不论电源绕组有无电流，常认为电源各电压的大小就等于相应的电动势。因为通常情况下电源三相电动势是对称的，所以，电源三相电压也是对称的，即大小相等、频率相同、相位互差120°。

根据基尔霍夫电压定律可得：

$$U_{UV} = U_U - U_V$$

$$U_{VW} = U_V - U_W$$

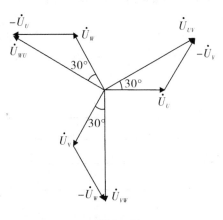

$$U_{WU} = U_W - U_U \qquad (3-26)$$

相电压和线电压的相量图如图3-24所示。由图可见，线电压也是对称的，在相位上比相应的相电压超前30°。至于线电压和相电压的数量关系，也很容易从相量图上得出：

$$1/2U_{UV} = U_V\cos30° = \sqrt{3}U_V/2$$

由此得出线电压与相电压的数量关系为：

$$U_{线} = \sqrt{3}U_{相} \qquad (3-27)$$

图3-24

发电机（或变压器）的绕组接成星形，可以为负载提供两种对称三相电压：一种是对称的相电压，另一种是对称的线电压。目前电力电网的低压供电系统中的线电压为380V，相电压为220V，常写作"电源电压380/220V"。

2. 三相电源绕组的三角形连接

将三相电源内每相绕组的末端和另一相绕组的始端依次相连的连接方式，称为三角形接法，用△表示，如图3-25所示。

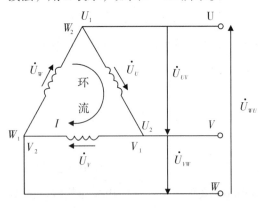

在图3-25中可以明显看出，主相电源作三角形连接时，线电压就是相电压，即：

$$U_{线} = U_{相} \qquad (3-28)$$

若三相电动势为对称三相正弦电动势，则三角形闭合回路的总电动势等于零，即：

$$E = E_U + E_V + E_W = 0$$

由此可以得出，这时电源绕组内部不存在环流。但若三相电动势不对称，回路总电

图3-25

动势就不为零，此时即使外部没有负载，也会因为各相绕组本身的阻抗均较小，使闭合回路内产生很大的环流，这将使绕组过热，甚至烧毁。因此，三相发电机绕组一般不采用三角形接法而采用星形接法，三相变压器绕组有时采用三角形接法，但要求在连接前必须检查三相绕组的对称性及接线顺序。

【知识拓展】

三相五线制供电

三相五线制是在三相四线制的基础上，另增加一根专用保护线，即保护零线（也称接地线）。保护零线与接地网相连，从而更好地起到保护作用。保护零线一般用黄绿相间色作为标志，用 PE 表示。相应地，原三相四线制中的零线一般称为工作零线，用 N 表示。

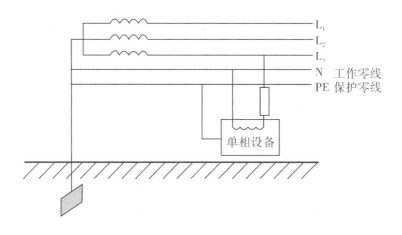

按照规范，单相三孔插座的接线必须遵循左零（N）右相（L）上接地（PE）的原则，单相三孔插座如图所示：

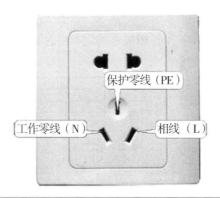

三、三相负载的连接

电力系统示意如图 3 – 26 所示：

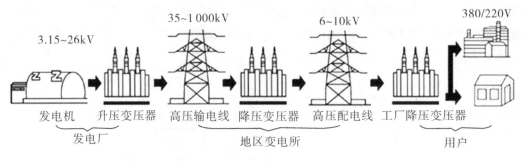

图 3 – 26

三相电路中的三相负载可能相同也可能不同，通常把各相负载相同（即阻抗大小相同，阻抗角也相同）的三相负载叫作对称三相负载，如三相电动机、三相电炉等。如果各相负载不同，就叫作不对称的三相负载，如由三个单相照明电路组成的三相负载。在一个三相电路中，如果三相电源和三相负载都是对称的，则称为三相对称电路，反之称为三相不对称电路。

三相负载的连接也有星形连接（Y）与三角形连接（△）两种，现分述如下：

1. 三相负载的星形连接

将三相负载分别接在三相电源的相线和中线之间的接法称为三相负载的星形连接，如图 3 – 27 所示。图中 Z_U、Z_V、Z_W 为各相负载的阻抗，N' 为负载的中性点。

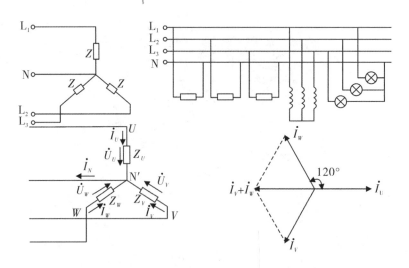

图 3 – 27

为分析方便，我们先做如下规定：

（1）每相负载两端的电压称为负载的相电压，流过每相负载的电流称为负载的相电流。

（2）流过相线的电流称为线电流，相线与相线之间的电压称为线电压。

（3）负载为星形连接时，负载相电压的参考方向规定为自相线指向负载中性点 N'，分别用 U_U、U_V、U_W 表示。相电流的参考方向与相电压的参考方向一致。线电流的参考方向为电源端指向负载端。中线电流的参考方向规定为由负载中点指向电源中点。

由图 3-27 可知，如忽略输电线上的电压损失时，负载端的相电压就等于电源的相电压；负载端的线电压就等于电源的线电压。因此，三相负载星形连接时，得到如下结论：

$$U_{Y\text{线}} = \sqrt{3}\, U_{Y\text{相}} \tag{3-29}$$

线电压的相位仍超前对应相电压30°，并且相电流与线电流相等，即：

$$I_{Y\text{线}} = I_{Y\text{相}} \tag{3-30}$$

2. 三相负载的三角形连接

把三相负载分别接在三相电源的每两根端线之间，就称为三相负载的三角形连接。三角形连接时的电压、电流参考方向如图 3-28 所示。

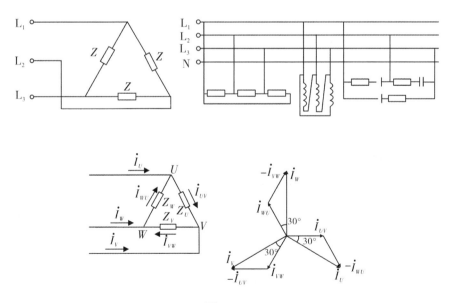

图 3-28

在三角形连接中，由于各相负载是接在两根相线之间，因此，负载的相电压就是线电压，即：

$$U_{\triangle 线} = U_{\triangle 相} \qquad (3-31)$$

线电流与相电流的关系可根据基尔霍夫电流定律，通过做相量图得出，具体做图步骤如下：

（1）先作三相相电流相量 I_{UV}、I_{VW}、I_{WU}，三者相位互差 $120°$。

（2）根据基尔霍夫电流定律可知，线电流为：

$$I_U = I_{UV} + (-I_{WU})$$
$$I_V = I_{VW} + (-I_{UV})$$
$$I_W = I_{WU} + (-I_{VW})$$

利用平行四边形法则，分别做出其相量图。相量图如图 3-28 所示。

由相量图可明显看出：$1/2 I_U = I_{UV}\cos30° = \sqrt{3} I_{uv}/2$

则 $\qquad\qquad\qquad\qquad I_U = \sqrt{3} I_{uv}$

所以，对于做三角形连接的对称负载来说，线电流与相电流的数量关系为

$$I_{\triangle 线} = \sqrt{3} I_{\triangle 相} \qquad (3-32)$$

从图 3-28 还可以看出，当三相相电流对称时，其三相线电流也是对称的（即大小相等、频率相同、相位互差 $120°$），并且线电流的相位总是滞后与之对应的相电流 $30°$。

由以上讨论可知，线电压一定时，负载做三角形连接时的相电压是星形连接时的相电压的 $\sqrt{3}$ 倍。因此，三相负载接到三相电源中，应做 △ 形还是 Y 形连接，应根据三相负载的额定电压而定。若各相负载的额定电压等于电源的线电压，则应做 △ 形连接；若各相负载的额定电压是电源线电压的 $1/\sqrt{3}$，则应做 Y 形连接。例如，我国低压供电的线电压为 380V，当三相感应电动机电磁绕组的额定电压为 380V 时，就应做 △ 形连接；当电磁绕组的额定电压为 220V，就应做 Y 形连接。另外，因为大多照明灯具额定电压都为 220V，故照明电路一般应接成 Y 形。

【知识拓展】

三相异步电动机的 Y—△ 降压启动，如下图所示：

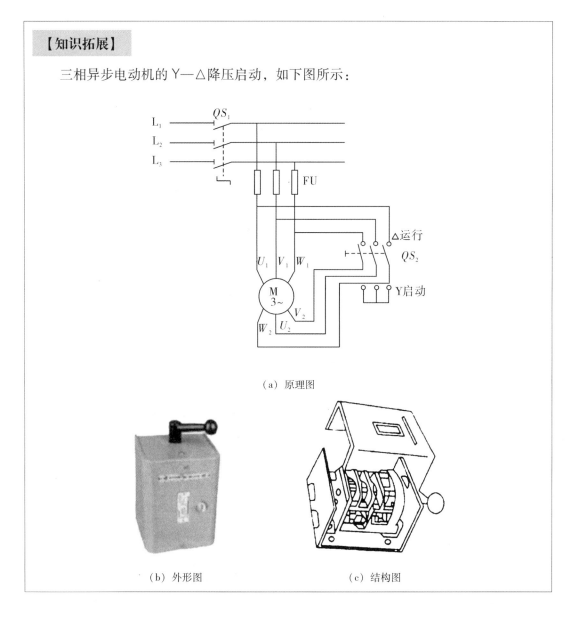

（a）原理图

（b）外形图　　　　　（c）结构图

四、三相电路的功率

一个三相电源发出的总有功功率等于电源每相发出的有功功率之和，一个三相负载接受（即消耗）的总有功功率等于每相负载接受（即消耗）的有功功率之和，即：

$$P = P_U + P_V + P_W = U_U I_U \cos\varphi_U + U_V I_V \cos\varphi_V + U_W I_W \cos\varphi_W$$

式中，U_U、U_V、U_W 为各相电压；I_U、I_V、I_W 为各相电流；$\cos\varphi_U$、$\cos\varphi_V$、$\cos\varphi_W$ 为各相的功率因数。

在对称三相电路中，各相电压、相电流的有效值均相等，功率因数也相同，因而可得出：

$$P = 3U_{相}I_{相}\cos\varphi = 3P_{相} \qquad (3-33)$$

式（3-33）是用相电压、相电流来表示三相有功功率的。在实际工作中，测量线电流比测量相电流方便（指做△形连接的负载），测量线电压要比测量相电压方便（指做Y形连接而又没有中线的负载）。所以，三相功率的计算常用线电流、线电压来表示。

对于Y形连接，相电流等于线电流，而相电压等于$1/\sqrt{3}$倍的线电压，则式（3-33）又可写为：

$$P_{Y} = 3U_{Y相}I_{Y相}\cos\varphi = 3U_{Y线}I_{Y线}\cos\varphi/\sqrt{3} = \sqrt{3}\,U_{Y线}I_{Y线}\cos\varphi$$

对于△形连接，相电压等于线电压，而相电流等于$\dfrac{1}{\sqrt{3}}$两倍的线电流，则式（3-33）又可写为：

$$P_{\triangle} = 3U_{\triangle相}I_{\triangle相}\cos\varphi = 3U_{\triangle线}I_{\triangle线}\cos\varphi/\sqrt{3} = \sqrt{3}\,U_{\triangle线}I_{\triangle线}\cos\varphi$$

由此可见，负载对称时，不论何种接法，求总功率的公式都是相同的，即：

$$P = \sqrt{3}\,U_{线}I_{线}\cos\varphi = 3U_{相}I_{相}\cos\varphi \qquad (3-34)$$

在应用式（3-34）进行功率计算时，应注意式中的φ角仍是负载相电压与相电流之间的相位差，即负载的阻抗角，而不是线电压与线电流之间的相位差。

同理，我们可得到对称三相负载无功功率和视在功率的表达式：

$$Q = 3U_{相}I_{相}\sin\varphi = \sqrt{3}\,U_{线}I_{线}\sin\varphi$$

$$S = \sqrt{P^2 + Q^2} = \sqrt{3}\,I_{线} = 3U_{相}I_{相}$$

三相发电机、三相变压器、三相电动机的铭牌上标注的额定功率均指的是三相总功率。

数学推导和实验已经证明，对称三相电路在功率方面还有一个很重要的性质：对称三相电路的瞬时功率是一个不随时间变化的恒定值，它等于三相电路的有功功率。这个性质对旋转的电动机来说是极其有利的。三相电动机任一瞬间所吸收的瞬时功率恒定不变，则电动机所产生的机械转矩也恒定不变，这样就避免了机械转矩的变化而引起的振动。

例3-6　工业上用的电阻炉常常利用改变电阻丝的接法来控制功率大小，达到调节炉内温度的目的。有一台三相电阻炉，每相电阻为$R = 5.78\Omega$，试求：在380V线电压下，接成Y和△时，各从电网取用的功率。

解：（1）$U_{线} = 380V$，负载作Y接法时：

$$\because U_{Y线} = \sqrt{3}\,U_{Y相}$$

$$\therefore U_{Y相} = U_{Y线}/\sqrt{3} = 380/\sqrt{3} = 220V$$

$I_{相} = U_{Y相}/R = 220/5.78 \approx 38\text{A}$

又 $\because I_{Y线} = I_{Y相} = 38\text{A}$，因负载为电阻炉，$\cos\varphi = 1$

$\therefore P = \sqrt{3}\,U_{线}I_{线}\cos\varphi = \sqrt{3} \times 380 \times 38 \times 1 = 25\,011\text{W} \approx 25\text{kW}$

（2）$U_{线} = 380\text{V}$，负载作△接法时：

$\because U_{△相} = U_{△线} = 380\text{V}$

$\therefore I_{△相} = U_{△相}/R = 380/5.78 \approx 66\text{A}$

$\therefore I_{△线} = \sqrt{3}\,I_{△相} = \sqrt{3} \times 66 = 114.3\text{A}$

$\therefore P = \sqrt{3}\,U_{线}I_{线}\cos\varphi = \sqrt{3} \times 380 \times 114.3 \times 1 = 75\,230\text{W} \approx 75\text{kW}$

◆ 任务小结 ◆

（1）三相交流电路是目前电力系统的主要供电方式，对称三相交流电的特点是：三个交流电动势的最大值相等，频率相同，相位互差120°。

（2）如果三相电源和三相负载都是对称的，则这个三相电路称为对称三相电路。

（3）无论是三相电源还是负载都有星形和三角形两种接线方式。

（4）星形连接的对称负载常采用三相三线制供电。星形连接的不对称负载常采用三相四线制供电，中线的作用是使负载中性点保持零电位，从而使三相负载成为三个独立的互不影响的电路。

（5）在对称三相电路中，负载线电压与相电压、线电流与相电流的关系及功率计算见表3-2。

表 3-2

关系	方式	
	星形连接	三角形连接
线电压与相电压关系	（1）数量关系：$U_L = \sqrt{3}\,U_P$ （2）相应关系：线电压超前对应相电压30°	$U_L = U_P$
线电流与相电流关系	$I_L = I_P$	（1）数量关系：$I_L = \sqrt{3}\,I_P$ （2）相位关系：线电流滞后对应相电流30°
有功功率	$P = 3U_PI_P\cos\varphi_P = \sqrt{3}\,U_LI_L\cos\varphi_P$	$P = 3U_PI_P\cos\varphi_P = \sqrt{3}\,U_LI_L\cos\varphi_P$
无功功率	$Q = 3U_PI_P\sin\varphi_P = \sqrt{3}\,U_LI_L\sin\varphi_P$	$Q = 3U_PI_P\sin\varphi_P = \sqrt{3}\,U_LI_L\sin\varphi_P$
视在功率	$S = \sqrt{3}\,U_LI_L$	$S = \sqrt{3}\,U_LI_L$

模块 ④

电子电路

任务 ① 晶体二极管及其应用

学习目标

（1）了解半导体及其特性。

（2）了解晶体二极管的类型、结构与电路图符号。

（3）理解晶体二极管的特性。

（4）知道晶体二极管的主要参数。

（5）能用万用表正确检测晶体二极管。

（6）能口述晶体二极管单向导电性及其整流功能与应用。

学习内容

一、半导体

自然界存在的各种物质如果按导电能力来区分，可以分为导体、绝缘体和半导体三大类：导电性能良好的物质为导体，常见的如银、铜、铝等各种金属；几乎完全不能导电的物质为绝缘体，常见的有非金属物质，如塑料、橡胶、陶瓷等；而导电能力介于导体与绝缘体之间的物质为半导体，如硅金属等。

1. 半导体材料

硅和锗是最常用于制造各种半导体器件的半导体材料。

2. 半导体材料的导电性

由于半导体的材料及其制造工艺的不同，利用两种载流子形成电流，可产生导电情况不同的两种半导体，即电子导电型（又称 N 型）半导体和空穴导电型（又称 P 型）半导体。在 N 型半导体中，电子为多数载流子，主要依靠电子来导电；在 P 型半导体中，空穴为多数载流子，主要依靠空穴来导电。

3. 半导体材料的 PN 结

将一块半导体材料通过特殊的工艺使之一边形成 P 型半导体，另一边形成 N 型半导体，则在两种半导体之间出现一种特殊的接触面——空间电荷区，称为 PN 结（如图 4-1 所示）。PN 结是构成各种半导体器件的核心。

图 4-1

二、晶体二极管

（一）晶体二极管的结构及电路图符号

将一个 PN 结从 P 区和 N 区各引出一个电极，并用玻璃或塑料制造的外壳封装起来，就制成一个二极管，如图 4-2（a）所示。由 P 区引出的电极为正（+）极，也称为阳极；由 N 区引出的电极为负（-）极，也称为阴极。二极管用符号 VD 表示，如图 4-2（b）所示，符号中的三角形表示通过二极管正向电流的方向。

根据制造材料的不同，有硅二极管和锗二极管之分。

（a）结构   （b）电路图符号

图 4-2

（二）晶体二极管的种类

1. 按制造工艺分类

点接触型：PN 结接触面积较小，工作电流小，常用于高频小信号电路。

面接触型：PN 结接触面积较大，工作电流大，常用于低频大信号电路。

平面型：PN 结接触面积较大，工作电流大，常用于大功率的信号电路。

2. 按制造材料分类

如上述，按照制造材料可分为硅二极管和锗二极管。硅二极管的热稳定性较好，锗二极管的热稳定性相对较差。

3. 按用途分类

按照用途可分为整流二极管、稳压二极管、发光二极管、光电二极管和变容二极管等，如图4-3所示。

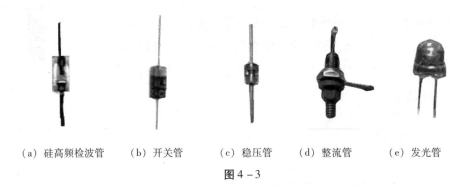

（a）硅高频检波管　　（b）开关管　　（c）稳压管　　（d）整流管　　（e）发光管

图4-3

（三）晶体二极管的导电特性

可以通过演示来观察二极管的导电特性：按图4-4（a）连接电路，直流电源正极接二极管正极，电源负极接二极管的负极（称为"正向偏置"，简称"正偏"），二极管导通，指示灯亮；如果按图4-4（b）连接电路，给二极管加上反向偏置电压时，二极管不导通，指示灯不亮。由此可见，组成二极管的PN结具有单向导电特性。

（a）二极管正偏导通相当闭合的开关　　　（b）二极管反偏截止相当打开的开关

图4-4

（四）晶体二极管的伏安特性曲线

晶体二极管的单向导电特性常用其伏安特性曲线来描述。所谓"伏安特性"，是指加到元器件两端的电压与通过电流之间的关系。二极管的伏安特性曲线如图4-5所示。

1. 正向特性

正向特性是指二极管加正偏电压时的伏安特性，为图4-5中的第 I 象限曲线。

当二极管两端所加的正偏电压 U 小于某一值的时候，正向电流 I 近似为0，二极管处于截止状态；当正偏电压 U 等于某一值的时候，正向电流 I 迅速增加，二极管处于正向导通状态。正偏电压 U 的微小增加能使正向电流 I 急剧增大，如图4-5中的 AB 段所示。正偏电压从零伏至该值的范围通常称为"死区"，该电压值称为"死区电压"。硅二极管的死区电压约为 0.5V，锗二极管约为 0.2V。

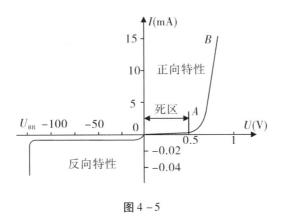

图 4 - 5

当二极管正常导通后，所承受的正向电压称为管压降（硅二极管约 0.7V，锗二极管约 0.3V）。这个电压比较稳定，几乎不随流过的电流大小而变化。

2. 反向特性

反向特性是指二极管加反偏电压时的伏安特性，为图 4 - 5 中的第Ⅲ象限曲线。

当二极管的两端加反向电压时，反向电流很小（称为反向饱和电流），二极管处于截止状态，而且在反向电压不超过某一限度时，反向饱和电流几乎不变。但当反向电压增大到一定数值 U_{BR} 时，反向电流会突然增大，这种现象称为反向击穿，与之相对应的电压称为反向击穿电压（U_{BR}）。这表明二极管已失去单向导电性，且会造成二极管的永久性损坏。

（五）晶体二极管的主要参数

1. 最大整流电流 I_{FM}

最大整流电流指二极管长时间工作时允许通过的最大正向直流电流的平均值。其大小由 PN 结的结面积和外界散热条件决定。工作时，二极管的工作电流应小于最大整流电流。

2. 最高反向工作电压 U_{RM}

最高反向工作电压指确保二极管不被击穿损坏而承受的最大反向工作电压。工作时，该值一般为反向击穿电压 U_{BR} 的 1/2 或 1/3。

3. 反向饱和电流 I_R

反向饱和电流指二极管未进入击穿区的反向电流。该值越小，则二极管的单向导电性能越好。反向电流随温度的变化较大。

4. 最大工作频率 f_M

此值由 PN 结的结电容大小决定。若二极管的工作频率超过该值，则二极管的单向导电性将变差。

（六）晶体二极管的检测

在实际应用中，常用万用表电阻挡对二极管进行极性判别及性能检测。测量时，选择万用表的电阻挡 $R \times 100$ 挡（也可以选择 $R \times 1k$ 挡），将万用表的红、黑表笔分别接二极管的两端。

（1）测得电阻值较小时，黑表笔接二极管的一端为正极（+），红表笔接的另一端为负极（-），如图 4-6（a）所示，此时测得的阻值称为正向电阻。

（2）测得电阻值较大时，黑表笔接二极管的一端为负极（-），红表笔接的另一端为正极（+），如图 4-6（b）所示，此时测得的阻值称为反向电阻。

正常的二极管测得的正、反向电阻应相差很大。如正向电阻一般为几百欧至几千欧，而反向电阻一般为几十千欧至几百千欧。

（3）测得电阻值为 0 时，将二极管的两端或万用表的两表笔对调位置。如果测得的电阻值仍为 0，说明该二极管内部短路，已经损坏。

（4）测得电阻值为无穷大时，将二极管的两端或万用表的两表笔对调位置。如果测得的电阻值仍为无穷大，说明该二极管内部开路，已经损坏。

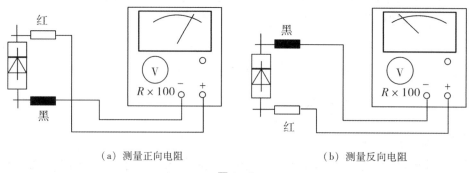

（a）测量正向电阻　　　　　　　　　　（b）测量反向电阻

图 4-6

三、晶体二极管的整流电路

将交流电变成单方向脉动直流电的过程称为整流。利用二极管的单向导电性能就可获得各种形式的整流电路。分析整流电路时，可以把二极管当作理想元件来处理，即认为它的正向导通电阻为零，相当于开关接通；反向电阻为无穷大，相当于开关断开。

（一）单相半波整流电路

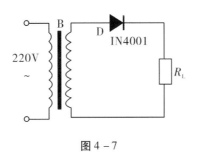

图 4 - 7

（二）单相全波整流电路

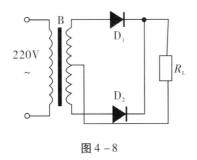

图 4 - 8

（三）单相桥式整流电路

1. 电路图

电路如图 4 - 9 （a）所示，图中 Tr 为电源变压器，它的作用是将交流电网电压 u_1 变成整流电路要求的交流电压 $u_2 = \sqrt{2}\,U_2\sin wt$。$R_L$ 是要求直流供电的负载电阻，四只整流二极管 $VD_1 \sim VD_4$ 接成电桥的形式，故有桥式整流电路之称。图 4 - 9 （b）是它的简化画法。

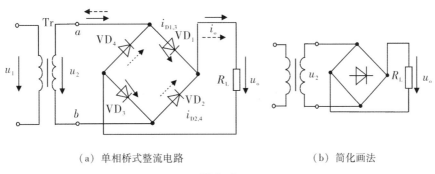

（a）单相桥式整流电路　　　　　　　　（b）简化画法

图 4 - 9

在电源电压 u_2 的正、负半周内（设 a 端为正，b 端为负时是正半周）电流通路分别用图 4-9（a）中实线和虚线箭头表示。负载 R_L 上的电压 u_o 的波形如图 4-10 所示。电流 i_o 的波形与 u_o 的波形相同。显然，它们都是单方向的全波脉动波形。

2. 技术指标

整流电路的技术指标包括整流电路的工作性能指标和整流二极管的性能指标。整流电路的工作性能指标有输出电压 U_o 和脉动系数 S。二极管的性能指标有流过二极管的平均电流 I_D 和管子所承受的最高反向工作电压 U_{DRM}。桥式整流电路的技术指标如下：

（1）输出电压的平均值 U_o。

$$U_o = \frac{1}{\pi} \int_0^\pi \sqrt{2} U_2 \sin\omega t \, d\omega t = \frac{2\sqrt{2}}{\pi} U_2 = 0.9 U_2 \qquad (4-1)$$

直流电流为

$$I_o = \frac{0.9 U_2}{R_L} \qquad (4-2)$$

（2）脉动系数 S。

如图 4-10 所示：

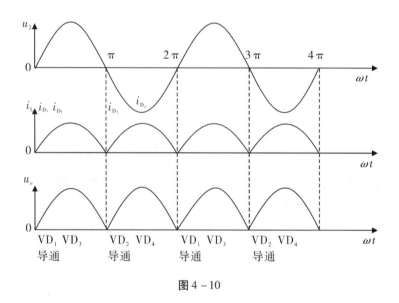

图 4-10

图 4-10 中整流输出电压波形中包含若干偶次谐波分量，称为纹波，它们叠加在直流分量上。我们把最低次谐波幅值与输出电压平均值之比定义为脉动系数。全波整流电压的脉动系数约为 0.67，故需用滤波电路滤除 u_o 中的纹波电压。

（3）流过二极管的正向平均电压 I_D。

在桥式整流电路中，二极管 VD_1、VD_3 和 VD_2、VD_4 是两两轮流导通的，所以流经每个二极管的平均电流为：

$$I_D = \frac{1}{2}I_L = \frac{0.45U_2}{R_L} \tag{4-3}$$

（4）二极管承受的最高反向工作电压 U_{DRM}。

晶体二极管在截止时管子承受的最高反向工作电压可从图 4-10 看出。在 u_2 正半周时，VD_1、VD_3 导通，VD_2、VD_4 截止。此时 VD_2、VD_4 所承受的最高反向工作电压均为 u_2 的最大值，即

$$U_{DRM} = \sqrt{2}\,U_2 \tag{4-4}$$

同理，在 u_2 的负半周 VD_1、VD_3 也承受同样大小的反向电压。

桥式整流电路的优点是输出电压高，纹波电压较小，管子所承受的最大反向电压较低；同时因电源变压器在正负半周内都有电流供给负载，电源变压器得到充分的利用，效率较高，因此，这种电路在半导体整流电路中得到了广泛的应用。电路的缺点是二极管用得较多。目前市场上已有许多品种的半桥和全桥整流电路出售，而且价格便宜，可弥补桥式整流电路这一缺点。

在实际应用中经常用到的全桥整流堆是将四只整流二极管集中制作成一体，其内部电路和外形如图 4-11 所示。通过全桥整流堆代替四只整流二极管与电源变压器连接，就可以直接连接成单相桥式整流电路。

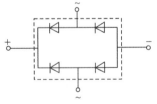

（a）全桥整流堆外形　　　　　　　　　　　　　　（b）全桥整流堆内部电路

图 4-11

（四）单相桥式整流滤波电路

滤波电路的作用是滤除整流电压中的纹波。常用的滤波电路有电容滤波、电感滤波、复式滤波及有源滤波。这里仅讨论电容滤波、电感滤波和复式滤波。

1. 电容滤波电路

电容滤波电路是最简单的滤波器，它是在整流电路的负载上并联一个电容C、带有正负极性的大容量电容器，如电解电容、钽电容等，电路形式如图 4 – 12（a）所示。

（1）滤波原理。

电容滤波是通过电容器的充电、放电来滤掉交流分量的。图 4 – 12（b）的波形图中虚线波形为桥式整流的波形。并入电容C后，在$u_2 > 0$时，VD_1、VD_3导通，VD_2、VD_4截止，电源在向R_L供电的同时，又向C充电储能。由于充电时间常数τ_1很小（绕组电阻和二极管的正向电阻都很小），充电很快，输出电压u_o随u_2上升。当$u_C = \sqrt{2}U_2$后，u_2开始下降；当$u_2 < u_C$，$t_1 \sim t_2$时段内，$VD_1 \sim VD_4$全部反偏截止，由电容C向R_L放电。由于放电时间常数τ_2较大，放电较慢，输出电压u_o随u_C按指数规律缓慢下降，如图 4 – 12（b）中的ab实线段。b点以后，负半周电压$u_2 > u_C$，VD_1、VD_3截止，VD_2、VD_4导通，C又被充电至c点，充电过程形成$u_o = u_2$的波形为bc实线段。c点以后，$u_2 < u_C$，$VD_1 \sim VD_4$又截止，C又放电，如此不断充电、放电，使负载获得如图 4 – 12（b）中实线所示的u_o波形。由波形可见，桥式整流接电容滤波后，输出电压的脉动程度大为减小。

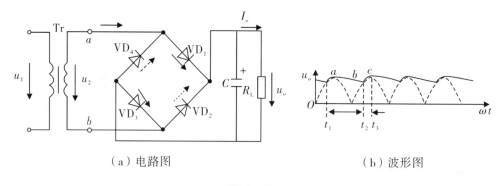

（a）电路图　　　　　　　　　　　（b）波形图

图 4 – 12

（2）U_o的大小与元件的选择。

由以上讨论可见，输出电压平均值U_o的大小与τ_1、τ_2的大小有关，τ_1越小，τ_2越大，U_o也就越大。当负载R_L开路时，τ_2无穷大，电容C无放电回路，U_o达到最大，即$U_o = \sqrt{2}U_2$；若R_L很小时，输出电压几乎与无滤波时相同。因此，电容滤波器输出电压在 $0.9U_2 \sim \sqrt{2}U_2$ 范围内波动，在工程上一般采用经验公式估算其大小，R_L愈小，输出平均电压愈低，因此输出平均电压可按下述公式估算取值

$$\left.\begin{array}{l} U_o = U_2 \text{（半波）} \\ U_o = 1.2U_2 \text{（全波）} \end{array}\right\} \qquad (4-5)$$

为了达到式（4-5）的取值关系，获得比较平直的输出电压，一般要求 $R_L \geqslant (5 \sim 10)\dfrac{1}{wc}$，即

$$R_L C \geqslant (3 \sim 5)\frac{1}{T} \qquad\qquad (4-6)$$

式中 T 为电源交流电压的周期。

对于单相桥式整流电路而言，无论有无滤波电容，二极管的最高反向工作电压都是 $\sqrt{2}\,U_2$。

关于滤波电容值的选取应视负载电流的大小而定。一般在几十微法到几千微法，电容器耐压应大于 $\sqrt{2}\,U_2$。

例 4-1 需要一单相桥式整流电容滤波电路，电路如图 4-13 所示。交流电源频率 $f=50\text{Hz}$，负载电阻 $R_L=120\Omega$，要求直流电压 $U_o=30\text{V}$，试选择整流元件及滤波电容。

解：（1）选择整流二极管。

①流过二极管的平均电流

$$I_D = \frac{1}{2}I_o = \frac{1}{2}\frac{U_o}{R_L} = \frac{1}{2}\times\frac{30}{120} = 125\text{mA}$$

由于 $U_o = 1.2U_2$，所以交流电压有效值

$$U_2 = \frac{U_o}{1.2} = \frac{30}{1.2} = 25\text{V}$$

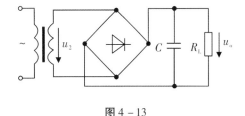

图 4-13

②二极管承受的最高反向工作电压

$$U_{DRM} = \sqrt{2}\,U_2 = \sqrt{2}\times 25 = 35\text{V}$$

可以选用 2CZ11A（$I_{RM}=1\,000\text{mA}$，$U_{RM}=100\text{V}$）整流二极管 4 个。

（2）选择滤波电容 C。

取 $R_L C = 5\times\dfrac{T}{2}$，而 $T=\dfrac{1}{f}=\dfrac{1}{50}=0.02\text{s}$，所以

$$C = \frac{1}{R_L}\times 5\times\frac{T}{2} = \frac{1}{120}\times 5\times\frac{0.02}{2} = 417\mu\text{F}$$

可以选用电容为 $500\mu\text{F}$、耐压值为 50V 的电解电容器。

电容滤波电路结构简单，输出电压较高，脉动较小，但电路的带负载能力不强。因此，电容滤波通常适合在小电流且变动不大的电子设备中使用。

2. 电感滤波电路

在桥式整流电路和负载电阻 R_L 间串入一个电感器 L，如图 4-14 所示。利用电感的储能作用可以减小输出电压的纹波，从而得到比较平滑的直流。当忽略电感器 L 的电阻时，

负载上输出的平均电压和纯电阻（不加电感）负载相同，即

$$U_o = 0.9U_2 \qquad\qquad (4-7)$$

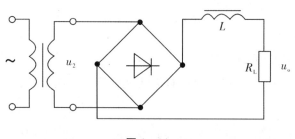

图 4 – 14

电感滤波的特点是，整流管的导电角较大（电感器 L 的反电势使整流管导电角增大），峰值电流很小，输出特性比较平坦；其缺点是由于铁芯的存在，而导致体积大，较笨重，易引起电磁干扰，一般只适用于大电流的场合。

3. 复式滤波电路

在滤波电容 C 之前加一个电感器 L 构成了 LC 滤波电路，如图 4 – 15（a）所示，这样可使输出至负载 R_L 上的电压的交流成分进一步降低。该电路适用于高频或负载电流较大并要求脉动很小的电子设备中。

为了进一步提高整流输出电压的平滑性，可以在 LC 滤波电路之前再并联一个滤波电容 C_1，如图 4 – 15（b）所示。这就构成了 πLC 滤波电路。

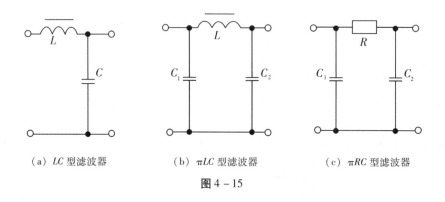

（a）LC 型滤波器　　　　　（b）πLC 型滤波器　　　　　（c）πRC 型滤波器

图 4 – 15

由于带有铁芯的电感线圈体积大，价格也高，因此常用电阻 R 来代替电感 L 构成 πRC 滤波电路，如图 4 – 15（c）所示。只要适当选择 R 和 C_2 参数，在负载两端就可以获得脉动极小的直流电压。πRC 型滤波器在小功率电子设备中被广泛采用。

（五）单相桥式整流滤波稳压电路

交流电经过整流、滤波后被转换为平滑的直流电。但由于电网电压或负载的变动，输出的平滑直流电也随之变动，因此仍然不够稳定。为适用于精密设备和自动化控制等，有必要在整流、滤波后再加入稳压电路，以确保当电网电压发生波动或负载发生变化时，输出电压不受影响，这就是稳压的概念。完成稳压作用的电路称为稳压电路或稳压器。

稳压二极管稳压电路是最简单的一种稳压电路。这种电路主要用于对稳压要求不高的场合，有时也作为基准电压源。

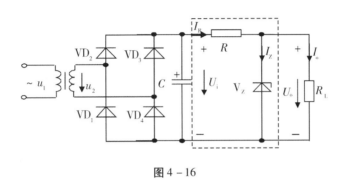

图 4-16

图 4-16 就是稳压二极管稳压电路，又称并联型稳压电路，因其稳压管与负载电阻并联而得名。

引起电压不稳定的因素是交流电源电压的波动和负载电流的变化，而稳压管能够稳压的原理在于稳压管具有很强的电流控制能力。当保持负载 R_L 不变，U_i 因交流电源电压增加而增加时，负载电压 U_o 也要增加，稳压管的电流 I_Z 急剧增大，因此电阻 R 上的压降急剧增加，以抵偿 U_i 的增加，从而使负载电压 U_o 保持近似不变。相反，U_i 因交流电源电压降低而降低时，稳压过程与上述过程相反。

如果保持电源电压不变，负载电流 I_o 增大时，电阻 R 上的压降也增大，负载电压 U_o 因而下降，稳压管电流 I_Z 急剧减小，从而补偿了 I_o 的增加，使得通过电阻 R 的电流和电阻上的压降保持近似不变，因此负载电压 U_o 也就近似稳定不变。当负载电流减小时，稳压过程相反。选择稳压管时，一般取：

$$\left.\begin{aligned} U_Z &= U_o \\ I_{Zmax} &= (1.5 \sim 3)\, I_{o_{max}} \\ U_i &\approx (2 \sim 3)\, V_o \end{aligned}\right\} \tag{4-8}$$

例 4-2　有一稳压管稳压电路，负载电阻 R_L 由开路变到 $3k\Omega$，交流电压经整流滤波后得出 $U_i = 45$（V）。今要求输出直流电压 $U_o = 15$（V），试选择稳压管 V_Z。

解：根据输出直流电压 $U_o = 15$（V）的要求，由式（4-8）稳定电压

$$U_Z = U_o = 15 \text{（V）}$$

由输出电压 $U_o = 15$（V）及最小负载电阻 $R_L = 3k\Omega$ 的要求，负载电流最大值

$$I_{o\max} = \frac{U_o}{R_L} = \frac{15}{3} = 5\text{mA}$$

由式（4-8）计算　　　　　　$I_{Z\max} = 3I_{o\max} = 15\text{mA}$

查半导体器件手册，选择稳压管 2CW20，其稳定电压 $U_Z = （13.5 \sim 17）$（V），稳定电流 $I_Z = 5\text{mA}$，$I_{Z\max} = 15\text{mA}$。

例 4-3　图 4-17 所示电路中，已知 $U_Z = 12V$，$I_{Z\max} = 18\text{mA}$，$I_Z = 5\text{mA}$，负载电阻 $R_L = 2k\Omega$。当输入电压由正常值发生 $\pm20\%$ 的波动时，要求负载两端电压基本不变，试确定输入电压 U_i 的正常值和限流电阻 R 的数值。

解：负载两端电压 U_L 就是稳压管的端电压 U_Z，当 U_i 发生波动时，必然使限流电阻 R 上的压降和 U_Z 发生变动，引起稳压管电流的变化。只要在 $I_Z \sim I_{Z\max}$ 范围内变动，就可以认为 U_Z 即 U_L 基本上未变动，这就是稳压管的稳压作用。

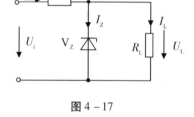

图 4-17

（1）当 U_i 向上波动 20%，即 $10.2U_i$ 时，可认为 $I_Z = I_{Z\max} = 18\text{mA}$，因此有：

$$I = I_{Z\max} + I_L = 18 + \frac{U_Z}{R_L} = 18 + \frac{12}{2} = 24\text{mA}$$

由 KVL 得：$1.2U_i = IR + U_L = 24 \times 10^{-3} \times R + 12$

（2）当 U_i 向下波动 20%，即 $0.8U_i$ 时，认为 $I_Z = 5\text{mA}$，因此有：

$$I = I_Z + I_L = 5 + \frac{U_Z}{R_L} = 5 + \frac{12}{2} = 11\text{mA}$$

由 KVL 得：$0.8U_i = IR + U_L = 11 \times 10^{-3} \times R + 12$

联立方程组可得：$U_i = 26V$，$R = 800\Omega$

在实际使用中，若用一个稳压二极管的稳压值达不到要求，我们可以采用两个或两个以上的稳压二极管串联使用。

▶▶ 任务小结 ▶▶

（1）P 型和 N 型半导体分别为空穴导电型和电子导电型半导体，在 P 型和 N 型半导

体的交界面形成 PN 结。PN 结具有单向导电特性，即正向偏置时，呈现很小的正向电阻，相当于导通状态；反向偏置时，呈现很大的反向电阻，相当于截止状态。

（2）二极管是由一个 PN 结组成的半导体器件，具有单向导电特性。选用二极管主要应考虑最大整流电流 I_{FM} 和最高反向工作电压 U_{RM} 这两个主要参数。

（3）二极管按用途可分为整流二极管、稳压二极管、发光二极管等。

（4）正常的二极管正、反向电阻应相差很大，如正向电阻一般为几百欧至几千欧，而反向电阻一般为几十千欧至几百千欧。

（5）"整流"就是将交流电变换为（脉动）直流电的过程。

（6）常见整流电路、整流电压的波形及计算公式如表 4-1 所示：

表 4-1

类型	电路	整流电压的波形	整流电压平均值	每管电流平均值	每管承受最高反压
单相半波			$0.45U_2$	I_o	$\sqrt{2}U_2$
单相全波			$0.9U_2$	$\dfrac{1}{2}I_o$	$2\sqrt{2}U_2$
单相桥式			$0.9U_2$	$\dfrac{1}{2}I_o$	$\sqrt{2}U_2$
三相半波			$1.17U_2$	$\dfrac{1}{3}I_o$	$\sqrt{3}\sqrt{2}U_2$
三相桥式			$2.34U_2$	$\dfrac{1}{3}I_o$	$\sqrt{3}\sqrt{2}U_2$

（7）滤波电路是滤除脉动直流电的交流成分，而保留直流成分，从而获得波形较平滑的直流电。常用的滤波电路有电容滤波电路、电感滤波电路和复式滤波电路。

（8）稳压电路是确保当电网电压发生波动或负载发生变化时，输出电压不受影响。

【知识拓展】

一、特殊二极管

1. 稳压二极管

（1）稳压二极管的符号及其特性。

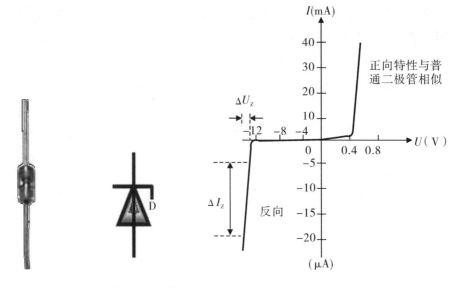

（a）实物图　　（b）图形符号及文字符号

稳压二极管是一种特殊的面接触型二极管，其反向击穿可逆。显然稳压管的伏安特性曲线比普通二极管的更加陡峭。稳压二极管的反向电压几乎不随反向电流的变化而变化，这就是稳压二极管的显著特性。

（2）稳压二极管的主要参数。

稳定电压 U_Z：是指稳压二极管在正常工作状态下两端的反向击穿电压值。

稳定电流 I_Z：是指稳压二极管在稳定电压 U_Z 下的工作电流。

最大耗散功率 P_{ZM}：是指稳压二极管的稳定电压 U_Z 与最大稳定电流 I_{ZM} 的乘积。在使用中若超过 P_{ZM}，稳压管将被烧毁。

温度系数：通常稳压值 U_Z 高于 6V 的稳压二极管是具有正温度系数，稳压值低于 6V 的稳压二极管是具有负温度系数，稳压值在 6V 左右的稳压管温度系数最小。由于硅材料管的热稳定性比锗材料管好，所以一般采用硅材料制作稳压二极管。

（3）使用稳压二极管时应该注意的事项。

①稳压二极管正负极的判别。

②稳压二极管使用时，应反向接入电路。

③稳压管应接入限流电阻。

④电源电压应高于稳压二极管的稳压值 $U_s > U_z$。

⑤稳压管都是硅管。其稳定电压 U_z 最低为 3V，高的可达 300V，稳压二极管在工作时的正向压降约为 0.6V。

2. 发光二极管

（a）实物图　　　　（b）图形符号和文字符号

发光二极管是一种能把电能直接转换成光能的固体发光元件。发光二极管和普通二极管一样，管芯由 PN 结构成，具有单向导电性。

发光二极管通常由砷化镓、磷化镓等材料制成，当有电流通过时，管子可以发出光来。现有的发光二极管能发出红黄绿等颜色的光。发光二极管常用来作为显示器件，单个发光二极管常作为电子设备通断指示灯或快速光源及光电耦合器中的发光元件等。除单个使用外，也常做成七段数码显示器。另外，发光二极管可以将电信号转换为光信号，然后由光缆传输，再由光电二极管接收，转换成电信号，完成信号的远距离传输。

发光管正常工作时应正向偏置，因死区电压较普通二极管高，因此其正偏工作电压一般在 1.3V 以上。发光管属功率控制器件，常用来作为数字电路的数码及图形显示的七段式或阵列器件。

3. 光电二极管

（a）实物图　　　　　　（b）图形符号和文字符号

光电二极管也称光敏二极管，是将光信号变成电信号的半导体器件，其核心部分也是一个 PN 结。光电二极管 PN 结的结面积较小、结深很浅，一般小于一个微米，同样具有单向导电性。光电管管壳上有一个能射入光线的"窗口"，这个窗口用有机玻璃透镜进行封闭，入射光通过透镜正好射在管芯上。

光电二极管和稳压管类似，也是工作在反向电压下。无光照时，反向电流很小，称为暗电流；有光照射时，携带能量的光子进入 PN 结后，把能量传给共价键上的束缚电子，使部分价电子挣脱共价键的束缚，产生电子—空穴对，称为光生载流子。光生载流子在反向电压作用下形成反向光电流，其强度与光照强度成正比。

4. 变容二极管

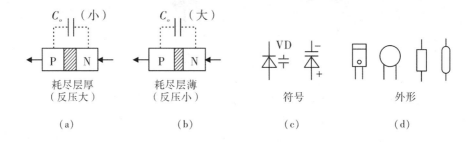

| (a) | (b) | (c) | (d) |

变容二极管是利用 PN 结的电容效应工作的一种特殊二极管，它在反向偏置状态下工作，通过改变反偏直流电压，就可以改变其电容量。变容二极管应用于谐振电路中，例如在电视机电路中把变容二极管作为调谐回路的可变电容器，实现频道的选择。

二、集成稳压电路

以往常用的稳压电路有采用稳压二极管的（并联型）稳压电路和采用分立元件的（串联型）稳压电路。在集成电路已经广泛使用的今天，多采用单片集成稳压器，其中又分为固定输出式和可调式三端集成稳压器。

1. 固定输出式三端集成稳压器

固定输出式三端集成稳压器有三个引出端，即接电源的输入端、接负载的输出端和公共接地端，其电路符号和外形如下图所示。

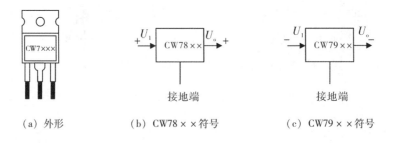

(a) 外形　　　　(b) CW78×× 符号　　　　(c) CW79×× 符号

常用的固定输出式三端集成稳压器有 CW78×× 和 CW79×× 两个系列，78 系列为正电压输出，79 系列为负电压输出，其电路如下图所示。

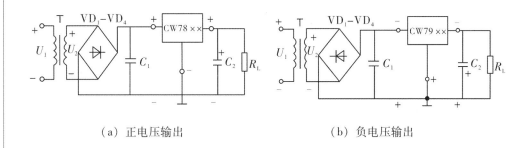

（a）正电压输出　　　　　　　　　　　（b）负电压输出

固定输出式三端集成稳压器型号由五个部分组成，其意义如下：

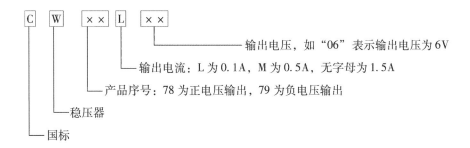

2. 可调式三端集成稳压器

可调式三端集成稳压器不仅输出电压可调节，而且稳压性能要优于固定式，被称为第二代三端集成稳压器。可调式三端集成稳压器也有正电压输出和负电压输出两个系列：CW117××/CW217××/CW317×× 系列为正电压输出，CW137××/CW237××/CW337×× 系列为负电压输出，其外形和引脚排列如下图所示。

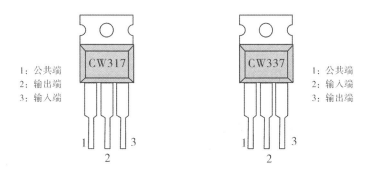

1：公共端　　　　　　　　　　　　　　1：公共端
2：输出端　　　　　　　　　　　　　　2：输入端
3：输入端　　　　　　　　　　　　　　3：输出端

（a）CW317×× 系列引脚排列图　　　（b）CW337×× 系列引脚排列图

可调式三端集成稳压器型号也是由五个部分组成，其意义如下：

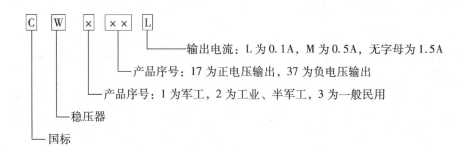

可调式三端集成稳压电路如下图所示。图中电位器 RP 和电阻 R_1 组成取样电阻分压器，接稳压 RP 电源的调整端（公共端）1 脚，改变 RP 可调节输出电压 U_o 的高低，$U_o \approx 1.25\text{V} \left(1 + \dfrac{RP}{R_1}\right)$，$R_1$ 可在 $1.25 \sim 37\text{V}$ 范围内连续可调。在输入端并联电容 C_1，起旁路滤波作用；电容 C_2 可以消除 RP 上的纹波电压，使取样电压稳定；电容 C_3 起消振作用。

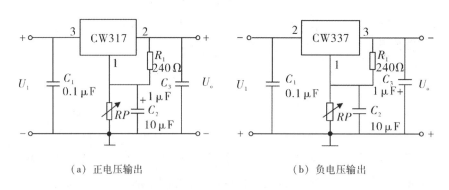

（a）正电压输出　　　　　　　　（b）负电压输出

练习与思考 》》

一、填空题

1. 导电性能介于导体与绝缘体之间的物质称为＿＿＿＿＿＿。

2. ＿＿＿＿是构成半导体器件的核心。

3. 二极管的基本特性是＿＿＿＿＿＿。

4. 硅二极管的死区电压约＿＿＿＿V，导通电压约＿＿＿＿V；锗二极管的死区电压约＿＿＿＿V，导通电压约＿＿＿＿V。

5. 用万用表测量小功率二极管的正反向电阻时，一般用＿＿＿＿和＿＿＿＿这两挡。

6. 二极管正向偏置，简称为_____，是指将电源正极与二极管的____极相连，电源负极与二极管的_____极相连，此时二极管呈现电阻_____。

7. 二极管反向偏置，简称为_____，是指将电源正极与二极管的____极相连，电源负极与二极管的_____极相连，此时二极管呈现电阻_____。

8. 稳压二极管与普通二极管不同之处是工作在二极管伏安特性曲线的_____区域。

9. 硅稳压管工作在反向击穿区，使用它时正极应接电源_____极，负极应接电源_____极。

10. 将_____变换为_____的过程称为整流。

11. 整流电路根据整流电路的形式可以分为_____、_____和_____整流电路。

12. 滤波是尽可能地滤除脉动直流电中包含的_____，而保留其_____。

13. 电容滤波是利用电容的_____特点进行滤波。

14. 电感滤波是利用电感的_____特点进行滤波。

15. 常用的滤波电路有_____、_____、复式滤波电路等几种类型。

16. 电容滤波适用于_____场合，电感滤波适用于_____场合。

17. 稳压的作用是当_____发生波动或_____发生变化时，输出电压应不受影响。

18. 三端集成稳压器有三个引出端，即_____端、_____端和_____端。

19. 可调式三端集成稳压器不仅输出电压_____，而且_____。

20. CW79××系列集成稳压器为_____电压输出。

二、选择题

1. 半导体在外电场的作用下，（　　）作定向移动形成电流。
   A. 电子 　　B. 空穴 　　C. 电子和空穴

2. N型半导体主要依靠（　　）导电。
   A. 电子 　　B. 空穴 　　C. 电子和空穴

3. 二极管内部是由（　　）组成的。
   A. 一个PN结 　　B. 两个PN结 　　C. 三个PN结

4. 电路图中稳压二极管用文字符号（　　）表示。
   A. VD 　　B. VT 　　C. VZ

5. 二极管的正极电位为 −20V，负极电位为 −10V，则二极管处于（　　）。
   A. 正偏 　　B. 反偏 　　C. 不稳定

6. 用万用表电阻挡 $R \times 1\text{k}\Omega$ 测得某二极管的电阻约 600Ω，则与红表笔相接的为（   ）。

    A. 二极管的正极

    B. 二极管的负极

7. 用万用表 $R \times 100\Omega$ 挡来测试二极管，其中（   ）说明管子是好的。

    A. 正向、反向电阻都为 0

    B. 正反向电阻都为无穷大

    C. 正向电阻为几百欧，反向电阻为几百千欧

    D. 反向电阻为几百欧，正向电阻为几百欧

8. 由于稳压二极管是工作在反向击穿状态，因此将它接到电路中时，应该（   ）。

    A. 正接   B. 反接   C. 串接

9. 在整流电路中起到整流作用的元件是（   ）。

    A. 电阻   B. 电容   C. 二极管

10. 交流电通过单相整流电路后，得到的输出电压是（   ）。

    A. 交流电压   B. 脉动直流电压   C. 恒定直流电压

11. 在任何时刻，单相桥式整流电路的正极和负极各有（   ）个二极管导通。

    A. 1   B. 2   C. 4

12. 正弦电流经过二极管整流后的波形为（   ）。

    A. 矩形方波   B. 等腰三角波   C. 正弦半波

13. 单相桥式整流电路中，要输出的直流电压极性和原来相反，可通过（   ）实现。

    A. 改变变压器副边首尾端

    B. 改变负载电阻

    C. 改变电桥所有二极管的方向

14. 整流电路后加滤波电路的作用是（   ）。

    A. 提高输出电压   B. 降低输出电压

    C. 限制输出电流   D. 减小输出电压的脉动程度

15. 几种复式滤波电路比较，滤波效果最好的是（   ）电路。

    A. π 型 RC 滤波   B. π 型 LC 滤波   C. LC 型滤波

16. 滤波电路中，滤波电容和负载（   ），滤波电感和负载（   ）。

    A. 串联   B. 并联   C. 混联

17. 有一单相半波整流电路的变压器二次侧电压有效值为 20V，负载上的直流电压应是（   ）。

    A. 20V   B. 18V   C. 9V

18. 在单相桥式整流电路中，若需保证输出电压为 45V，变压器二次侧电压有效值应为 （　　　）。

    A. 50V   B. 100V   C. 37.5V

19. 带电容滤波的单相桥式整流电路中，如果电源变压器次级电压有效值为 100V，则负载直流电压为 （　　　）。

    A. 100V   B. 120V

    C. 90V   D. 150V

20. 波形如右图，是 （　　　） 电路产生的。

    A. 单相桥式   B. 单相半波   C. 滤波

三、判断题

（　　） 1. 二极管是根据 PN 结单向导电特性组成的，因此二极管也具有单向的导电性。

（　　） 2. 当二极管加上反偏电压不超过反向击穿电压时，二极管只有很小的反向电流通过。

（　　） 3. 二极管正向导通后，正向管压降几乎不随电流变化。

（　　） 4. 二极管只要加正向电压就一定导通。

（　　） 5. 二极管只要工作在反向击穿区，就一定会被击穿。

（　　） 6. 半导体二极管一旦反向击穿，它就一定损坏。

（　　） 7. 用万用表测得二极管的电阻很小，则红表笔相接的电极是二极管的负极，与黑表笔相接的电极是二极管的正极。

（　　） 8. 用万用表不同电阻挡测量二极管的正向电阻，读数都一样。

（　　） 9. 若测得二极管的正反向电阻值相近，表示二极管已坏。

（　　） 10. 由于发光二极管的管压降比普通二极管大，约为 2V，因此电源电压必须大于管压降，同时，电源的极性必须使发光二极管正向导通，发光二极管才能正常工作。

（　　） 11. 交流电经过整流后，电流方向不再改变，但大小（数量）是变化的。

（　　） 12. 单相整流电容滤波中，电容器的极性不能接反。

（　　） 13. 滤波电路中，滤波电感和负载并联。

（　　） 14. 整流电路接入电容滤波后，输出直流电压下降。

（　　） 15. 单相整流电容滤波中，电容容量越大，滤波效果越好。

（　　） 16. 稳压管稳压电路中的限流电阻起到限流和调整电压的双重作用。

四、综合题

1. 试述二极管的结构、符号及特性。

2. 判别下图所示电路中二极管的工作状态。

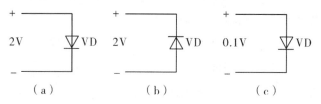

（a）　　　　　（b）　　　　　（c）

3. 试确定下图中硅二极管两端的电压值。

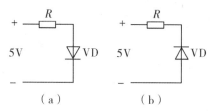

（a）　　　　　（b）

4. 试确定下图中硅二极管两端的电压值。

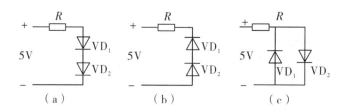

（a）　　　　　（b）　　　　　（c）

5. 完成下图中的整流电路。

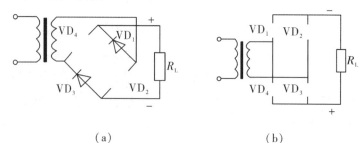

（a）　　　　　　　　　　（b）

6. 将下图中的元件连接成单相桥式整流电路。

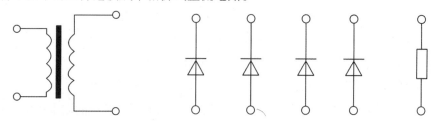

7. 指出下图桥式整流电路中哪一只二极管接反了。画出正确电路图，并说明该电路会发生什么故障。

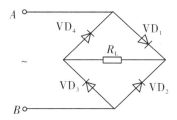

8. 画出一个单向硅稳压管稳压电路图（元件：1 只变压器，4 个二极管，1 个电解电容，1 个限流电阻，1 个稳压二极管，1 个负载电阻）。

参考答案 ▶▶▶

一、填空题

1. 半导体　2. PN 结　3. 单向导电性　4. 0.5　0.7　0.2　0.3　5. $R \times 100$　$R \times 1k$

6. 正偏　正　负　较小　7. 反偏　负　正　较大　8. 反向击穿　9. 负　正　10. 交流电　直流电（脉动）　11. 半波　全波　桥式　12. 纹波成分　直流成分　13. 通交隔直

14. 通直隔交　15. 电容滤波　电感滤波　16. 小功率且负载变化较小的　大功率、大电流且负载变化较大的　17. 电网电压　负载　18. 输入　输出　公共　19. 可以调节　稳压性能要优于固定式　20. 负

二、选择题

1. C　2. A　3. A　4. C　5. B　6. B　7. C　8. B　9. C　10. B　11. B　12. C　13. C

14. D　15. B　16. B　A　17. C　18. A　19. B　20. A

三、判断题

1. √　2. √　3. √　4. ×　5. ×　6. ×　7. √　8. ×　9. √　10. √　11. √　12. √

13. ×　14. ×　15. √　16. √

四、综合题

1. 答：

结构：将一个 PN 结从 P 区和 N 区各引出一个电极，并用玻璃或塑料制造的外壳封装起来，就制成一个二极管。

符号：二极管的文字符号用"VD"表示，图形符号为：

特性：单向导电性。

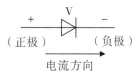

2. 答：

（a）导通　（b）截止　（c）截止

3. 解：

（a）0.7V　（b）0

4. 解：

（a）$U_{VD_1} = U_{VD_2} = 0.7V$

（b）$U_{VD_1} = U_{VD_2} = 0$

（c）$U_{VD_1} = U_{VD_2} = 0.7V$

5. 答：

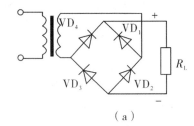 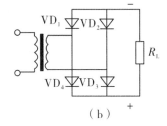

（a）　　　　　　　　　（b）

6. 答：

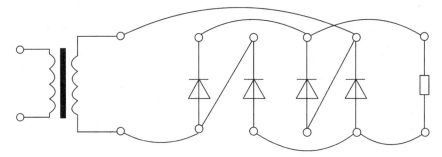

7. 答：

VD_3接反了。正确的画法如下图所示。

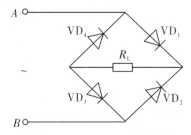

如果按照图示错误的接法，当电源输入为正半周期时，不能形成回路，无电流流过电路；当电源输入为负半周期时，电流不经过负载 R_L，直接使电源短路，将烧坏电源。

8. 答：如下图所示。

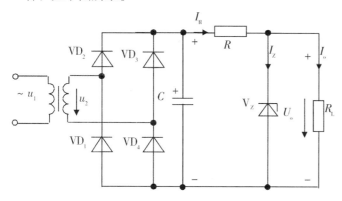

任务 2 晶体三极管及其应用

学习目标

（1）知道三极管的结构、类型及其符号。

（2）理解三极管的输入/输出特性及其应用。

（3）知道三极管的主要参数。

（4）理解三极管的电流放大实质与各电极的电流大小关系。

（5）能识别三极管类型，能检测其电极及性能。

（6）能口述基本放大电路的类型及其工作原理。

（7）了解集成运放类型、图形符号、基本结构组成及其作用。

（8）掌握理想运放的两条重要结论及其应用。

学习内容

半导体三极管又叫晶体三极管。由于它在工作时半导体中的电子和空穴两种载流子都起作用，因此属于双极型器件，也叫作 BJT（Bipolar Junction Transistor，双极结型晶体管），它是放大电路的重要元件。

一、晶体三极管

（一）晶体三极管的结构和图形符号

晶体三极管是一个三层结构、内部具有两个 PN 结的器件，它的中间层称为基区，基区的两边分别称为发射区和集电区。三极管的发射区和集电区是同类型的半导体，所以三极管有两种半导体类型，如图 4 – 18 所示。三极管的基区半导体类型与发射区和集电区不同，所以在基区与发射区、基区和集电区之间分别形成两个 PN 结，发射区与基区之间的 PN 结称为发射结，而集电区与基区之间的 PN 结称为集电结，三个区引出的电极分别称为基极 B（b）、发射极 E（e）和集电极 C（c）。

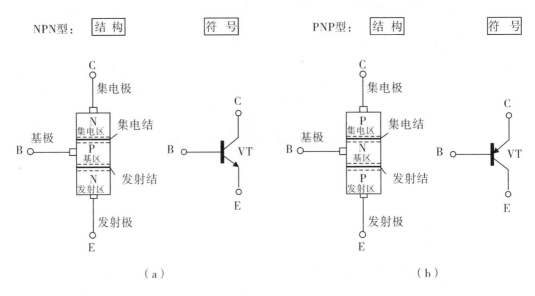

图 4 – 18

三极管符号中发射极的箭头表示发射结加正向电压时的电流方向，三极管的文字符号为 VT。

（二）晶体三极管的类型

按照所用半导体材料不同，分为硅管和锗管。按照工作频率不同，分为高频管（工作频率不低于 3MHz）和低频管（工作频率小于 3MHz）。按照功率不同，分为小功率管（耗散功率小于 1W）和大功率管（耗散功率不低于 1W）。按照用途不同，分为普通放大三极管和开关三极管。

几种常用的三极管外形如图 4 – 19 所示。如果按照功率的不同区分，图（a）、（b）是小功率管，图（c）、（d）是大功率管；如果按照外壳封装的形式区分，图（a）、（c）是塑料封装，图（b）、（d）是金属封装。大功率管在使用时一般要加上散热片，如图（d）所示的金属封装的大功率管只有基极和发射极两根引脚，集电极就是三极管的金属外壳。

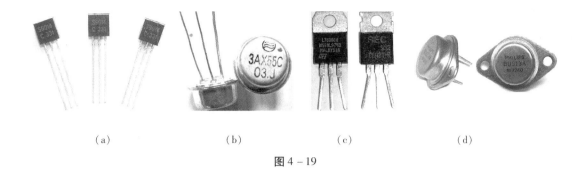

(a)　　　　　　　(b)　　　　　　　(c)　　　　　　　(d)

图 4-19

（三）晶体三极管的特性

1. 晶体三极管的电流分配关系

三极管的发射极电流 = 集电极电流 + 基极电流，即 $I_E = I_C + I_B$。

由于基极电流很小（$I_B < I_C$），所以集电极电流与发射极电流近似相等，即 $I_C \approx I_E$。三极管的电流分配如图 4-20 所示。

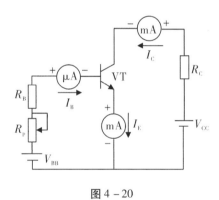

图 4-20

2. 晶体三极管的电流放大作用

三极管集电极直流电流 I_C 与相应的基极直流电流 I_B 之间的比值几乎固定不变，称为共发射极直流电流放大系数，用 $\bar{\beta}$ 表示，$\bar{\beta} = \dfrac{I_C}{I_B}$。

三极管集电极电流变化量 ΔI_C 与相应的基极电流变化量 ΔI_B 的比值也几乎是固定不变，称为共发射极交流电流放大系数，用 β 表示，$\beta = \dfrac{\Delta I_C}{\Delta I_B}$。

在一般情况下，同一只三极管的 $\bar{\beta}$ 比 β 略小，实际应用中并不严格区分，$\bar{\beta} \approx \beta$。

例如 $\beta = 50$，那么 $\Delta I_C = \beta \Delta I_B = 50 \Delta I_B$，说明集电极电流的变化量是基极电流的 50 倍。

当 I_B 有一微小的变化时，就能引起 I_C 较大的变化，这种现象称为三极管的电流放大作用，即 $I_C = \beta I_B$。

β 值的大小表明了三极管电流放大能力的强弱。必须强调的是，这种放大能力实质上是 I_B 对 I_C 的控制能力，因为无论 I_B 还是 I_C 都来自电源，三极管本身不能放大电流。

3. 晶体三极管的特性曲线

（1）输入特性。

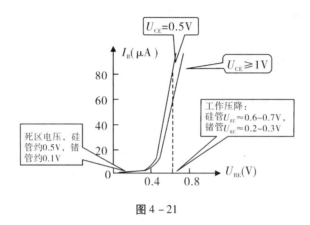

图 4 - 21

三极管的输入特性研究基极电流 I_B 与发射结电压 U_{BE} 之间的关系，当 $U_{CE} > 2V$，U_{CE} 数值的改变对输入特性曲线影响不大。但是环境温度变化时，三极管的输入特性曲线会发生变化。

（2）输出特性。

三极管的输出特性曲线（a）、（b）、（c）如图 4 - 22 所示：

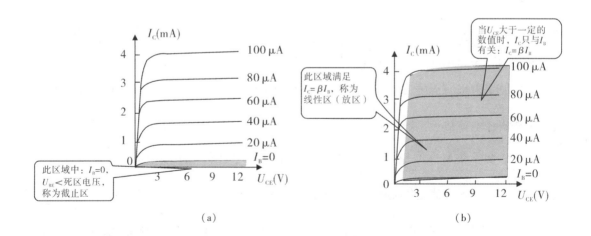

（a）　　　　　　　　　　　　　　　（b）

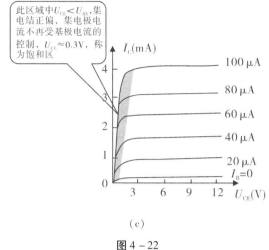

此区域中 $U_{CE}<U_{BE}$，集电结正偏，集电极电流不再受基极电流的控制，$U_{CE}≈0.3V$，称为饱和区

（c）

图 4－22

三极管的输出特性曲线研究集电极电流 I_C 与电压 U_{CE} 之间的关系，是在基极电流 I_B 一定的情况下测试出来的。由三极管的输出特性曲线可以看出，三极管工作时有三个可能的工作区域及其对应的三种工作状态。

表 4－2

内容	截止区（截止状态）	放大区（放大状态）	饱和区（饱和状态）
条件	发射结反偏或零偏	发射结正偏且集电结反偏	发射结和集电结都正偏
特点	$I_B=0$、$I_C≈0$	$\Delta I_C=\beta\Delta I_B$	I_C 不再受 I_B 控制

三极管饱和时的 U_{CE} 值称为饱和压降，记作 U_{CES}。小功率硅管的 U_{CES} 约为 0.3V，锗管的 U_{CES} 约为 0.1V。

（四）晶体三极管的主要参数

1. 共射电流放大系数

①共射直流电流放大系数 $\overline{\beta}$（有时用 h_{FE} 表示）。

②共射交流电流放大系数 β（有时用 h_{fe} 表示）。

同一三极管在相同工作条件下 $\overline{\beta}≈\beta$。三极管的 β 值通常在 20～200 之间。若 β 值太小，则其放大能力差；若 β 值太大，则其工作性能不稳定。

2. 极间反向饱和电流

$$I_{CEO}=(1+\beta)I_{CBO}$$

I_{CEO} 与 I_{CBO} 都随温度的上升而增大。I_{CEO} 越小，三极管对温度的稳定性就越好。因此，

要选用比 I_{CEO} 和 I_{CBO} 小的三极管。硅管的穿透电流通常要比锗管小，因此硅管对温度的稳定性较好。

3. 极限参数

①集电极最大允许电流 I_{CM}：集电极电流过大时，三极管的 β 值要降低。一般规定 β 值下降到正常值的 2/3 时的集电极电流为集电极最大允许电流。

②集电极—发射极反向击穿电压 $I_{(BR)CEO}$：基极开路时，加在集电极和发射极之间的最大允许电压。U_{CE} 大于此值后，I_C 急剧增大，可能造成集电结热击穿。在使用三极管时，其集电极电源电压应低于此值。注：$U_{(BR)EBO} < U_{(BR)CEO} < U_{(BR)CBO}$。

③集电极最大允许耗散功率 P_{CM}：集电极电流 I_C 流过集电结时会消耗功率而产生热量，使三极管温度升高。根据三极管的最高温度和散热条件来规定最大允许耗散功率 P_{CM}，要求 $P_{CM} \geq I_C U_{CE}$。

（五）晶体三极管的型号

晶体三极管的型号如图 4 - 23 所示；

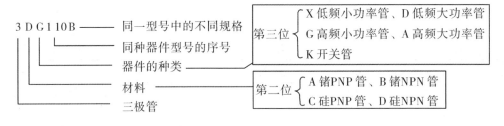

图 4 - 23

（六）用万用表检测三极管的方法

在实际中，常使用万用表电阻挡（$R \times 100$ 或 $R \times 1k$ 挡）对三极管进行管型和管脚的判断及其性能估测。

1. 判断管型和基极 B

先将万用表电阻挡调至 $R \times 1k$ 挡，将红表笔接假定的 B 极，黑表笔分别与另两个电极接触，观测到指针不动（或偏转靠近满偏）时，则假定的基极是正确的。指针不动的三极管类型为 NPN 型，指针靠近满偏的三极管类型为 PNP 型。若将红黑表笔对调检测，原来不动的指针仍不动（或原来偏转的指针仍靠近满偏）时，则说明该管已经老化（或已被击穿），如图 4 - 24 所示。

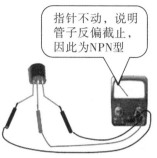

图 4－24

2. 判断集电极 C 和发射极 E

先将万用表电阻挡调至 $R \times 1k$ 挡，若为 NPN 型，则将黑表笔接假定的集电极 C，红表笔接假定的发射极 E，两手分别捏住 B、C 两极充当基极 R_B（两手不能相接触）。注意观测万用表指针偏转的大小，记下数据 R_{B_1}；然后将两检测电极对调检测，并注意观测万用表指针偏转的大小，记下数据 R_{B_2}，偏转较大 R_{B_1} 值较小的假定电极是正确的，即黑表笔所接为集电极 C，红表笔所接为发射极 E。偏转较小 R_{B_2} 值较大的反映其放大能力下降，即集电极 C 与发射极 E 接反了，如图 4－25 所示。若两次观测电阻值 $R_{B_1} \approx R_{B_2}$，则说明管子性能较差。通常，金属类三极管的金属外壳为集电极。

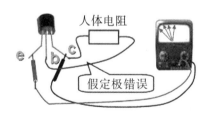
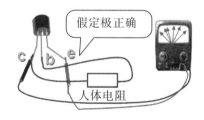

图 4－25

3. 三极管性能估测

（1）用万用表的电阻 $R \times 1k$ 挡，红表笔搭接 PNP 型三极管的集电极（或 NPN 型管的发射极），黑表笔搭接发射极（或 NPN 管的集电极）。测得电阻值越大，说明穿透电流 I_{CEO} 越小，三极管的性能越好。

（2）在基极和集电极间接入一个 $100k\Omega$ 的电阻，再测量集电极和发射极之间的电阻（PNP 型管时，黑表笔接发射极或 NPN 型管时，红表笔接发射极）。比较接入电阻前后两次测量的电阻值，相差很小，表示三极管无放大能力 β 或放大能力 β 很小；相差越大，表示放大能力 β 越大。

（3）黑表笔接 PNP 型三极管的发射极（或 NPN 型接集电极），红表笔接集电极（或 NPN 型接发射极）。用手捏住管的外壳几秒钟（相当于加温），若电阻变化不大，则说明管的稳定性好，反之稳定性差。

二、晶体三极管及其基本放大电路

（一）放大电路概述

1. 放大电路的概念

"放大"是将微弱的电信号（电压或电流）转变为较强的电信号，如图 4 − 26 所示。

"放大"的实质是用较小的能量去控制较大能量转换的一种能量转换装置，是一种"以弱控强"的作用。

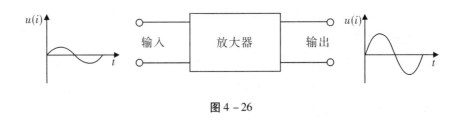

图 4 − 26

2. 放大电路的分类

（1）按晶体三极管的连接方式来分，有共发射极放大器、共基极放大器和共集电极放大器等。

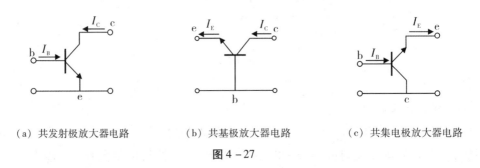

（a）共发射极放大器电路　　　　（b）共基极放大器电路　　　　（c）共集电极放大器电路

图 4 − 27

（2）按放大信号的工作频率来分，有直流放大器、低频放大器和高频放大器等。

（3）按放大信号的形式来分，有交流放大器和直流放大器等。

（4）按放大器的级数来分，有单级放大器和多级放大器等。

（5）按放大信号的性质来分，有电流放大器、电压放大器和功率放大器等。

（6）按被放大信号的强度来分，有小信号放大器和大信号放大器等。

（7）按元器件的集成化程度来分，有分立元件放大器和集成电路放大器等。

（二）放大电路的组成及其各部分的作用

1. 放大电路的组成原则

（1）保证放大电路的核心元件三极管工作在放大状态，即要求其发射结正偏，集电结反偏。

（2）输入回路的设置应使输入信号耦合到三极管的输入电极，并形成变化的基极电流 I_B，进而产生三极管的电流控制关系，促使集电极电流 I_C 产生变化。这样，非线性失真要小得多。

（3）输出回路的设置应保证三极管放大后的电流信号能够转换成负载所需要的电压形式。

（4）信号通过放大电路时不允许出现失真。

2. 放大电路的组成及各组成元件的作用

NPN 型三极管组成的基本共发射极放大电路如图 4 - 28 所示。外加的微弱信号 u_i 从基极 b 和发射极 e 输入，经放大后信号 u_o 由集电极 c 和发射极 e 输出。因此，发射极 e 是输入和输出回路的公共端，故称为共发射极放大电路。

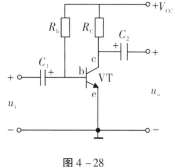

图 4 - 28

基极电阻固定偏置的共发射极电压放大电路的各个元件的作用如下：

（1）三极管 VT：起放大作用。工作在放大状态，起电流放大作用。

（2）电源 V_{CC}：直流电源，其作用一是通过 R_b 和 R_c 为三极管提供工作电压，保证发射结正偏、集电结反偏；二是为电路的放大信号提供能源。

（3）基极电阻 R_b：是使电源 V_{CC} 供给放大管的基极 b 提供一个合适的基极电流 I_b（又称为基极偏置电流），并向发射结提供所需的正向电压 U_{BE}，以保证三极管工作在放大状态。该电阻又称为偏流电阻或偏置电阻。

（4）集电极电阻 R_c：是使电源 V_{CC} 供给放大管集电结所需的反向电压 U_{CE}，与发射结的正向电压 U_{BE} 共同作用，使放大管工作在放大状态；另外还使三极管的电流放大作用转换为电路的电压放大作用。该电阻又称为集电极负载电阻。

（5）耦合电容 C_1 和 C_2：分别为输入耦合电容和输出耦合电容。其在电路中起隔直流通交流的作用，因此又称为隔直电容。其能使交流信号顺利通过，同时隔断前后级的直流通路以避免互相影响各自的工作状态。由于 C_1 和 C_2 的容量较大，在实际中一般选用电解电容器，因此使用时应注意其极性。

（6）公共端：放大电路的公共端用"⊥"表示，可作为电路的参考点。电源 U_{CC} 改用 $+V_{CC}$ 表示电源正极的电位。

（三）放大电路的工作原理

如图 4-29 所示，当输入端加输入信号时（设 u_i 为正弦波信号），在 u_i 的作用下，基射回路中产生一个与 u_i 变化规律相同、相位相同的信号电流 i_b，i_b 与 I_{BQ} 叠加使基极电流为 $i_B = I_{BQ} + i_b$，从而使集电极电流 $i_C = I_{CQ} + i_c$。当 i_C 通过 R_C 时使三极管的集射电压为：$u_{CE} = U_{CEQ} - i_C R_C$。

同样也是直流分量和交流分量两部分合成。由于电容 C_2 的隔直耦合作用，在放大电路的输出端，直流分量 U_{CEQ} 被隔断，放大电路输出信号 u_o 只是 U_{CE} 中的交流部分。即 $u_o = -R_C i_C$。

只要 R_C 足够大，输出信号电压 u_o 幅度就可以大于输入信号 u_i 幅度，实现放大的功能。式中负号表明 u_o 与 i_C 反相，由于 i_B、i_C 都与 u_i 同相，所以 u_o 与 u_i 是反相关系。

结论：在单级共发射极放大电路中，输出电压 u_o 与输入电压 u_i 频率相同，波形相似，幅度得到放大，而它们的相位相反。

电压放大作用是一种能量转换作用，即在很小的输入信号功率控制下，将电源的直流功率转变成了较大的输出信号功率。放大电路的输出功率必须比输入功率要大，否则不能算是放大电路。

可见，集电极负载电阻 R_C 将三极管的电流放大 $i_C = \beta i_B$ 转换成了放大电路的电压放大（R_C 阻值适当，$u_o \gg u_i$）。u_o 与 u_i 相位相反，所以共发射极放大电路具有反相（或倒相）作用。

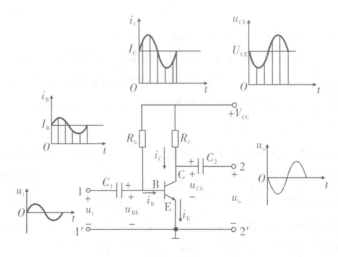

图 4-29

（四）放大电路中的直流通路及静态工作点

放大电路中既含有直流又含有交流，交流信号是叠加在直流上进行放大。

1. 静态及静态工作点

静态是指放大电路未加输入信号即 $u_i = 0$ 时电路的工作状态。此时电路中的电压、电流都是直流信号，I_B、I_C、U_{CE} 的值称为放大电路的静态工作点，记作 Q（I_{BQ}、I_{CQ}、U_{CEQ}），如图 $4-30$（a）所示。

2. 直流通路

直流通路是放大电路中直流电流通过的路径。直流通路中电容相当于开路，负载和信号源被电容隔断，剩下的部分就是直流通路，如图 $4-30$（b）所示。

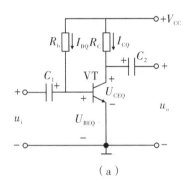
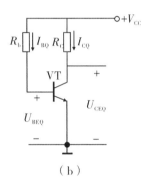

（a）　　　　　　　　　　（b）

图 $4-30$

3. 静态工作点的估算法

晶体三极管的 U_{BEQ} 很小，通常选用硅管的管压降 U_{BEQ} 约 $0.7V$，锗管的管压降 U_{BEQ} 约 $0.3V$。由于 $V_{CC} \gg U_{BEQ}$，所以静态工作点所对应的 I_{BQ}、I_{CQ}、U_{CEQ} 为：

$$I_{BQ} = \frac{V_{CC} - U_{BEQ}}{R_b} \approx \frac{V_{CC}}{R_b} \quad I_{CQ} = \beta I_{BQ} \quad U_{CEQ} = V_{CC} - I_{CQ} R_C$$

例 $4-4$ 在图 $4-30$ 所示的放大电路中，$V_{CC} = 6V$，$R_b = 200k\Omega$，$R_C = 2k\Omega$，$\beta = 50$。试计算放大电路的静态工作点 Q。

解：$I_{BQ} = \dfrac{V_{CC}}{R_b} = \dfrac{6}{200 \times 10^3} = 0.03mA$；$I_{CQ} = \beta I_{BQ} = 50 \times 0.03 = 1.5mA$

$$U_{CEQ} = V_{CC} - I_{CQ} R_C = 6 - 1.5 \times 2 = 3V$$

4. 静态工作点的图解分析法

在三极管的输入和输出特性曲线上直接用作图的方法求解放大电路的工作情况，这种通过作图分析放大电路性能的方法称为图解分析法。

（1）估算。

先计算输入回路 I_{BQ}、U_{BEQ}，于是可以在输出特性曲线上找到 $I_B = I_{BQ}$ 那条曲线。三极管的输出特性曲线图如图4-31所示；三极管的输出回路和直流负载线如图4-32所示。

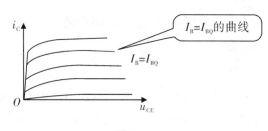

图 4-31

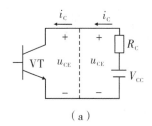
（a）

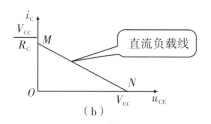
（b）

图 4-32

（2）图解分析定两点 M、N。

根据 $u_{CE} = V_{CC} - i_C R_C$ 式确定两个特殊点：M、N。

令 $u_{CE} = 0$，则 $i_C = V_{CC}/R_C$，在输出特性曲线纵轴（i_C 轴）可得 M 点。

令 $i_C = 0$，则 $u_{CE} = V_{CC}$，在输出特性曲线横轴（u_{CE} 轴）可得 N 点。

连接 M、N，便可得到直流负载线 MN。显然直流负载线的斜率 $k = 1/R_C$，R_C 越小，直流负载线越陡。

（3）确定静态工作点。

输出特性曲线上 $I_B = I_{BQ}$ 的曲线与直流负载线 MN 的交点 Q 即为静态工作点，它的横坐标是 U_{CEQ}，纵坐标是 I_{CQ}。静态工作点的确定如图4-33所示。

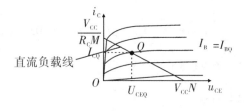

图 4-33

例 4-5　如图 4-34 所示单管共发射极放大电路及特性曲线中，已知 $R_b = 280\text{k}\Omega$，$R_C = 3\text{k}\Omega$，集电极直流电源 $V_{CC} = 12\text{V}$，试用图解法确定静态工作点。

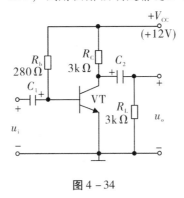

图 4-34

解：

（1）首先估算 I_{BQ}：

$$I_{BQ} = \frac{V_{CC} - U_{BEQ}}{R_b} = \left(\frac{12 - 0.7}{280}\right)\text{ mA} = 40\mu\text{A}$$

（2）作直流负载线，确定 Q 点：

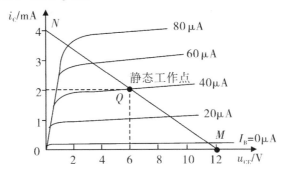

（3）根据 $U_{CEQ} = V_{CC} - I_{CQ}R_C$，求出 M、N 两点：

M（$i_C = 0$，$u_{CE} = 12\text{V}$）；N（$u_{CE} = 0$，$i_C = 4\text{mA}$）

由 Q 点确定静态值为：

$$I_{BQ} = 40\mu\text{A},\ I_{CQ} = 2\text{mA},\ U_{CEQ} = 6\text{V}$$

（五）放大电路中的交流通路及其动态分析

1. 动态

动态是指放大电路的输入端加信号时电路的工作状态，动态时电路同时存在交流量和直流量。

2. 交流通路

交流通路是放大电路中交流信号通过的路径。交流通路用来分析放大电路的动态工作情况，计算放大电路的放大倍数。

交流通路的画法是：对于频率较高的交流信号，电容相当于短路；且直流电源的内阻一般都很小，所以对交流信号来说也可视为短路，如图 4 – 35 所示。

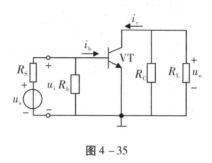

图 4 – 35

3. 放大电路的电压放大倍数、输入电阻与输出电阻的计算

（1）放大电路的输入电阻 r_i。

r_i 是从放大电路的输入端往里看进去的等效电阻。r_i 愈大，输入电流 i_i 愈小，放大电路对信号源的影响愈小。放大电路的输入电阻越大越好。

$$r_i = \frac{U_i}{I_i} = R_b /\!/ r_{be}$$

式中 r_{be} 为三极管 b、e 间的等效电阻，r_{be} 的经验公式：

$$r_{be} = 300 + （1 + \beta） \times \frac{26mV}{I_{EQ}} （\Omega）$$

因为 $R_b \gg r_{be}$，所以放大器的输入电阻可近似为：

$$r_i \approx r_{be}$$

（2）放大电路的输出电阻 r_o。

从放大电路的输出端往里看，共发射极放大电路输出电阻 r_o 就是电阻 R_C，即 $r_o \approx R_C$。r_o 愈小，放大器的带负载能力就愈强。

（3）放大电路的电压放大倍数 A_u。

放大电路的电压放大倍数的定义为：$A_u = \dfrac{u_o}{u_i}$。

式中 u_o 和 u_i 分别为输出信号电压和输入信号电压。通过分析可得：

$$A_{\mathrm{u}} = -\frac{\beta i_{\mathrm{b}} R'_{\mathrm{L}}}{i_{\mathrm{b}} r_{\mathrm{be}}} = \beta \frac{R'_{\mathrm{L}}}{r_{\mathrm{be}}}$$

式中 $R'_{\mathrm{L}} = R_{\mathrm{C}} /\!/ R_{\mathrm{L}}$，负号表示输出电压与输入电压相位相反。

4. 交流通路的输出回路

输出回路的外电路是 R_{C} 和 R_{L} 并联，如图 4 - 36 所示。

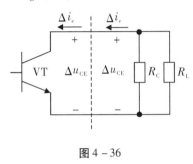

图 4 - 36

5. 交流负载线

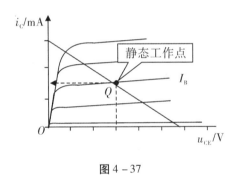

图 4 - 37

（1）由于输入电压 $u_{\mathrm{i}} = 0$ 时，$i_{\mathrm{C}} = I_{\mathrm{CQ}}$，管压降为 U_{CEQ}，所以它必然会过 Q 点。

（2）交流负载线斜率为：$k = -\dfrac{1}{R'_{\mathrm{L}}}$。

（3）交流负载线方程为：$i_{\mathrm{C}} - I_{\mathrm{CQ}} = -\dfrac{1}{R'_{\mathrm{L}}} (u_{\mathrm{CE}} - U_{\mathrm{CEQ}})$。

（六）晶体三极管放大电路的非线性失真

1. 截止失真

截止失真是 Q 点过低，引起 i_{B}、i_{C}、u_{CE} 波形失真。此时 i_{C} 的负半周出现平顶，u_{o} 的正半周出现平顶，可以用减小 R_{b} 提高 I_{BQ} 的值使 Q 点上移来减小截止失真。

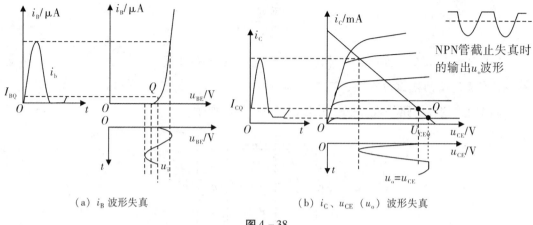

（a）i_B 波形失真　　　　　　　　　　（b）i_C、u_{CE}（u_o）波形失真

图 4 – 38

2. 饱和失真

饱和失真是指 Q 点过高，引起 i_C、u_{CE} 波形失真。此时 i_C 的正半周出现平顶，u_o 的负半周出现平顶，可以用增大 R_b 减小 I_{BQ} 的值使 Q 点下移来减小饱和失真。

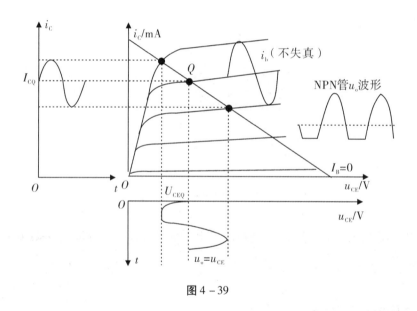

图 4 – 39

（七）静态工作点的设置

静态工作点 Q 的意义在于设置是否合适，关系到输入信号被放大后是否会出现波形的失真。

（1）若静态工作点 Q 设置过低，即 I_{BQ} 太小或 R_b 太大，容易使三极管的工作进入截止区，造成截止失真。

（2）若静态工作点 Q 设置过高，即 I_{BQ} 太大或 R_b 太小，三极管又容易进入饱和区，同样会造成饱和失真。所以，应该合理选择静态工作点 Q。

（3）若放大电路设置了合适的静态工作点 Q，当输入正弦信号电压 u_i 后，信号电压 u_i 与静态电压 U_{BEQ} 叠加在一起，三极管始终处于导通状态，基极总电流 $I_{BQ} + i_b$ 就始终是单极性的脉动电流，从而保证了放大电路能把输入信号不失真地加以放大。

例 4 - 6　在图 4 - 40 所示的放大电路中，$V_{CC} = 12V$，$R_b = 270k\Omega$，$R_C = 3k\Omega$，三极管的 $\beta = 50$，其余参数见图 4 - 40。试分别计算当 $R_L = 8k\Omega$ 和 $R_L = 3k\Omega$ 时的输入电阻 r_i、输出电阻 r_o 和电压放大倍数 A_u。

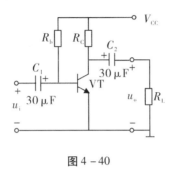

图 4 - 40

解：（1）静态工作点 Q（I_{BQ}、I_{CQ}、U_{CEQ}）。

$$I_{BQ} = \frac{V_{CC}}{R_b} = \frac{12}{270 \times 10^3} \approx 0.04\text{mA}$$

$$I_{CQ} = \beta I_{BQ} = 50 \times 0.04 = 2\text{mA}$$

$$U_{CEQ} = V_{CC} - I_{CQ}R_C = 12 - 2 \times 3 = 6\text{V}$$

（2）输入电阻 r_i。

$$r_{be} = 300 + (1 + \beta) \times \frac{26\text{mV}}{I_{EQ}} = 300 + (1 + 50) \times \frac{26}{2} = 963\Omega$$

$\because R_b \gg r_{be}$，$\therefore r_i \approx r_{be} \approx 963\Omega = 0.963k\Omega$

（3）输出电阻 r_o。

$$r_o \approx R_C = 3k\Omega$$

（4）电压放大倍数 A_u。

①当 $R_L = 8$ 时，$R_L' = R_C // R_L \approx R_C$，则：

$$A_u = -\frac{\beta i_b R_L'}{i_b r_{be}} = -\beta \frac{R_L'}{r_{be}} = -50 \times \frac{3}{0.963} = -156$$

② 当 $R_L = 3k\Omega$ 时，$R_L' = R_C /\!/ R_L = \dfrac{R_L R_C}{R_L + R_C} = \dfrac{3 \times 3}{3 + 3} = 1.5k\Omega$，则：

$$A_u = -\frac{\beta i_b R_L'}{i_b r_{be}} = -\beta \frac{R_L'}{r_{be}} = -50 \times \frac{1.5}{0.963} = -78$$

可见放大器在不带负载时的电压放大倍数 A_u 为最大，带上负载后的 A_u 就下降；而且负载电阻 R_L 越小，A_u 下降越多。

（八）三种基本放大电路结构及其性能区别

共集电极放大电路中，输入信号是从三极管的基极与集电极之间输入，从发射极与集电极之间输出。集电极为输入与输出电路的公共端，故称共集放大电路。由于信号从发射极输出，所以又称为射极输出器。

共基极放大电路中，输入信号是由三极管的发射极与基极两端输入的，再由三极管的集电极与基极两端获得输出信号。因为基极是共同接地端，所以称为共基极放大电路。表4-3是晶体管三种基本放大器的性能比较。

表 4 - 3

类型	电路	电压放大倍数	电流放大倍数	输入电阻	输出电阻	功能
共射电路		10～100 大	10～1 000 大	100～50kΩ 中	10～500kΩ 中	有电压放大 有电流放大
共集电路		0.9～0.999 小	10～1 000 大	因负载不同，可达50MΩ 大	1～100Ω 小	无电压放大 有电流放大 射极跟随器
共基电路		100～10 000 （实用） 大	0.9～0.999 小	10～500Ω 小	500～5MΩ 大	有电压放大 无电流放大

注：输入电阻大，可以减轻信号源的负担；输出电阻小，可以提高带负载的能力。

▶▶ 任务小结 ▶▶

（1）三极管有三层结构，中间层称为基区，基区的两边分别称为发射区和集电区；内部具有两个 PN 结，发射区与基区之间的 PN 结称为发射结，而集电区与基区之间的 PN 结称为集电结；由三个区引出的电极分别称为基极 B、发射极 E 和集电极 C。

（2）三极管符号中发射极的箭头表示发射结加正向电压时的电流方向。

（3）三极管电极之间的电流关系：$I_E = I_C + I_B$，因 $I_B < I_C$，故 $I_C \approx I_E$。

（4）三极管电流放大作用的实质上是 I_B 对 I_C 的控制能力：$I_C = \bar{\beta} I_B$

（5）三极管工作时有三个可能的工作区域及其对应的三种工作状态。

内容	截止区（截止状态）	放大区（放大状态）	饱和区（饱和状态）
条件	发射结反偏或零偏	发射结正偏且集电结反偏	发射结和集电结都正偏
特点	$I_B = 0$、$I_C \approx 0$	$\Delta I_C = \beta \Delta I_B$	I_C 不再受 I_B 控制

（6）三极管的极限参数及其应用：I_{CM}、$U_{(BR)CEO}$、P_{CM}。

（7）晶体管是利用基极的小电流控制集电极较大电流的电流控制元件，是由多数载流子与少数载流子共同参与导电，故被称为双极型器件；而场效应管是利用输入电压产生的电场效应控制输出电流的电压控制元件，工作时只有一种载流子（多数载流子）参与导电，所以称为单极型器件。

（8）"放大"的实质是用较小的能量去控制较大能量转换的一种能量转换装置，是一种"以弱控强"的作用。

（9）对放大电路的基本要求：要有足够大的放大能力或倍数、非线性失真要小、稳定性要好、应具有一定的通频带。

（10）放大电路的三种形式及其性能比较：有共发射极放大器、共基极放大器和共集电极放大器。

（11）放大电路中的直流通路是放大电路中直流电流通过的路径。直流通路中电容相当于开路，负载和信号源被电容隔断，剩下的部分就是直流通路。

（12）放大电路的静态工作点：$u_i = 0$ 时电路中的电压、电流都是直流信号，I_B、I_C、U_{CE} 的值称为放大电路的静态工作点，记作 Q（I_{BQ}，I_{CQ}，U_{CEQ}）。

$$I_{BQ} = \frac{V_{CC} - U_{BEQ}}{R_b} \approx \frac{V_{CC}}{R_b} \quad I_{CQ} = \beta I_{BQ} \quad U_{CEQ} = V_{CC} - I_{CQ} R_C$$

（13）静态工作点的设置过低，易使三极管的工作进入截止区，造成截止失真，引起 i_B、i_C、u_{CE} 的波形失真。此时 i_C 的负半周出现平顶，u_o 的正半周出现平顶，可以用减小 R_b 提高 I_{BQ} 的值使 Q 点上移来减小截止失真。

（14）在单级共发射极放大电路中，输出电压 u_o 与输入电压 u_i 频率相同，波形相似，幅度得到放大，而它们的相位相反，即 $u_o = -R_C i_C$。

（15）放大电路的输入电阻 r_i 与输出电阻 r_o 及电压放大倍数 A_u：

$$r_i \approx r_{be} = 300 + (1 + \beta) \times \frac{26 \text{mV}}{I_{EQ}} \quad r_o \approx R_C \quad A_u = -\frac{\beta i_b R'_L}{i_b r_{be}} = -\beta \frac{R'_L}{r_{be}}$$

（16）在完成本任务之后，应初识各种三极管和场效应管，能分析简单的放大电路的工作原理；应会使用电子实训常用的仪表和工具，并掌握手工焊接的基本技能。

【知识拓展】

一、场效应管（单极型晶体管）

1. 概述

场效应晶体管简称场效应管，由多数载流子参与导电，也称为单极型晶体管，它有三个电极，分别为栅极、漏极和源极。它的特点是栅极的内阻极高，采用二氧化硅材料的可以达到几百兆欧，而且噪声小、功耗低、动态范围大、易于集成、没有二次击穿现象、安全工作区域宽、热稳定性好，属于电压控制型器件。场效应管外形有以下几种：

2. 场效应管的分类

场效应管分结型、绝缘栅型（MOS）两大类：

（1）按沟道材料：结型和绝缘栅型各分 N 沟道和 P 沟道两种。

（2）按导电方式：耗尽型与增强型，结型场效应管均为耗尽型，绝缘栅型场效应管既有耗尽型的，也有增强型的。

3. 场效应管与晶体三极管的比较

场效应管：是利用输入电压产生的电场效应控制输出电流的电压控制元件，工作时只有一种类型的多数载流子参与导电，所以称为单极型器件。场效应管有三个电极：栅极 g、源极 s、漏极 d，源极电位比栅极电位高（约 0.4V），符号不同。

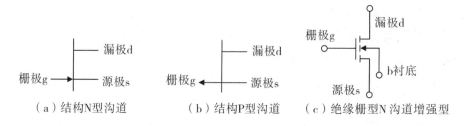

（a）结构N型沟道　　　　（b）结构P型沟道　　　（c）绝缘栅型N沟道增强型

晶体管：是利用基极的小电流控制集电极较大电流的电流控制元件，由多数载流子与少数载流子共同参与导电，故称为双极型器件。晶体管也有三个电极（基极 b、发射极 e、集电极 c），但 NPN 型设计发射极电位比基极电位约低 0.6V。

二、集成功率放大器

LM386 是一种低电压通用型低频集成功放。该电路功耗低、允许的电源电压范围宽、通频带宽、外接元件少，广泛用于录音机、对讲机、电视伴音等系统中。

1. 运算放大器的基本构成

LM386 是集成 OTL 型功放电路的常见类型，与通用型集成运放的特性相似，是一个三级放大电路。第一级，差分放大电路作为输入级：输入电阻高，能减小零点漂移和抑制干扰信号，都用带恒流源差放；第二级，共射放大电路作为中间级，要求电压放大倍数高，常用带恒流源的共发射极放大电路构成；第三级，互补推挽功放电路作为输出级，负载相接，要求输出电阻低，带负载能力强，一般由互补对称电路或射极输出器构成。

偏置电路：为以上三级提供稳定、合适的偏置电流，确定各级的静态工作点。一般由各种恒流源电路构成。

2. 运算放大器的符号与外形

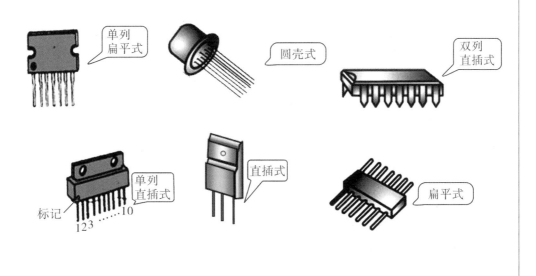

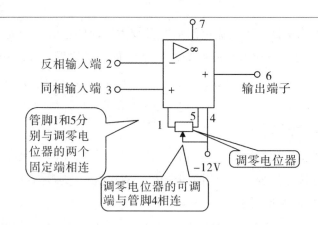

（1）图形符号中有两个输入端：标"－"号端，称为反相输入端，表示仅从这一端加输入信号时，输出电压与输入电压相位相反；标"＋"号端，称为同相输入端，表示仅从这一端加输入信号时，输出电压与输入电压相位相同。

（2）"▷"表示理想运放信号传送方向。

（3）"A"表示电压放大倍数。

（4）"∞"共模抑制比 K_{CMR} 趋向无穷大。

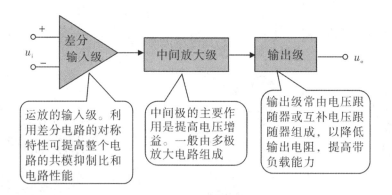

3. 集成运放的工作特点

（1）集成运放的理想特性。

①开环差模电压放大倍数 $A_{ud} = \infty$；

②开环差模输入电阻 $r_i = \infty$；

③输出电阻 $r_o = 0$；

④共模抑制比 $K_{CMR} = \infty$；

⑤频带宽度 $f_{BW} = \infty$。

（2）理想运放工作在线性区的特点。

由于理想运放的开环电压放大倍数趋于无穷大，因此电路中必须引入负反馈才能保证集成运放工作在线性区。这时输出电压与输入差模电压满足线性放大关系，满足"虚短"（即 $U_P = U_N$，当有一个输入端接地，则另一个输入端也非常接近地电位，称为"虚地"，即 $U_P = U_N = 0$）与"虚断"（即 $i_P = i_N = 0$）。

（3）理想运放工作在非线性区的特点。

理想运放工作在非线性区时，一般为开环或电路引入了正反馈，即

当 $U_P > U_N$ 时，$U_o = + U_{OM}$；

当 $U_P < U_N$ 时，$U_o = - U_{OM}$；

当 $U_P \neq U_N$，可见理想运放工作在非线性区时电路不再具有"虚短"特性。

由于理想运放输入电阻 $r_i = \infty$，故净输入电流为零，即 $i_P = i_N = 0$。可见，理想运放工作在非线性区时仍具有"虚断"特性。

4. 集成运算放大器的典型运用

（1）反相放大器。

电路如图（a）所示，其特点是输入信号和反馈信号都加在集成运放的反相输入端。图（a）中 R_1 为外接输入电阻，R_f 为反馈电阻，R_2 为平衡电阻，其作用为使两个输入端的直流通路保持对称。取值为 $R_2 = R_1 // R_f$，接入 R_2 是为了使集成运放输入级的差分放大器对称，有利于抑制零漂。

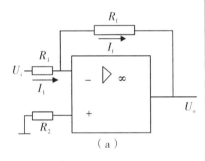

（a）

由于同相输入端接地，故输入端为"虚地"点，即 $U_P = U_N = 0$。又根据"虚断"特性，净输入电流为零，故有 $I_1 = I_f$。由图可得：$A_{uf} = \dfrac{u_o}{u_i} = \dfrac{R_f}{R_1}$，即 $u_o = - \dfrac{R_f}{R_1} u_i$。

式中负号表示 u_o 与 u_i 反相，故称反相放大器。又由于 u_o 与 u_i 成一定的比例关系，故又称反相比例运算放大器。若取 $R_f = R_1 = R$，则比例系数为 -1，电路便成为反相器。该电路所引入的反馈是深度电压并联负反馈，输出电阻很小，但输入电阻却因此而降低。

（2）同相放大器。

信号通过 R_2 加到运放同相端的电路，称为同相输入放大器。其反馈信号加至反相端，是一个电压串联负反馈电路，电路如图（b）所示。利用"虚短"

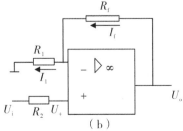

（b）

特性（注意：同相输入时无虚地特性），可得 $U_P = U_N = U_i$；又根据"虚断"特性，$i_N = 0$，可得 $u_N = u_o \cdot \dfrac{R_1}{R_1 + R_f}$。所以 $A_{uf} = \dfrac{u_o}{u_i} = 1 + \dfrac{R_f}{R_1}$，即 $u_o = \left(1 + \dfrac{R_f}{R_1}\right) u_i$。

u_o 与 u_i 同相，故称同相放大器，又称同相比例运算放大器。当 $R_f = 0$，$R_1 = \infty$（即开路状态），则比例系数为 1，电路成为电压跟随器。

（3）加法运算电路。

在反相放大器的基础上，增加几个输入支路便可组成反相加法运算电路，也称反相加法，如图（c）所示。图中同相输入端所接电阻 R，必须满足平衡要求，取：$R = R_1 /\!/ R_2 /\!/ R_3 /\!/ R_f$。根据理想特性有 $I_1 + I_2 + I_3 = I_f$，集成运放反相输入端为虚地点，故有：$\dfrac{u_o}{R_f} = \dfrac{u_{i_1}}{R_1} + \dfrac{u_{i_2}}{R_2} +$

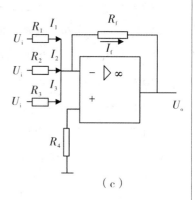

（c）

$\dfrac{u_{i_3}}{R_3}$。当 $R_1 = R_2 = R_3 = R_f$ 时：$u_o = -\left(u_{i_1} + u_{i_2} + u_{i_3}\right)$。

上式表明，输出电压为各输入电压之和，实现了加法运算。式中负号表示输出电压与输入电压相位相反。由于反相输入端为虚地点，所以各输入信号电压之间相互影响极小。该电路常用在测量和控制系统中，对各种信号按不同比例进行组合运算。

（4）减法运算电路。

u_{i_1} 经 R_2 分别加到反相输入端与同相输入端，就构成减法运算放大器。

电路采用差分输入形式，即反相端和同相端都输入信号，如图（d）所示。按外接电阻平衡要求，应满足 $R_1 /\!/ R_f /\!/ R_2 /\!/ R_3$。依叠加原理：

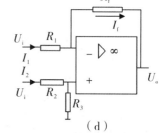

（d）

①先求 u_{i_1} 单独作用时的输出电压：

$$u_{o_1} = -\dfrac{R_f}{R_1} u_{i_1}$$

②再求 u_{i_2} 单独作用时的输出电压：$u_{o_2} = \left(1 + \dfrac{R_f}{R_1}\right) \cdot \dfrac{R_3}{R_2 + R_3} u_{i_2}$

③则 u_{i_1} 与 u_{i_2} 共同作用时的输出电压：$u_o = u_{o_1} + u_{o_2} = \left(1 + \dfrac{R_f}{R_1}\right) \cdot \dfrac{R_3}{R_2 + R_3} u_{i_2} = \dfrac{R_f}{R_1} \cdot u_{o_1}$

当 $R_1 = R_2$，且 $R_f = R_3$ 时，上式化简为：$u_o = \left(u_{i_2} - u_{i_1}\right) \dfrac{R_f}{R_1}$。

减法运算电路常作为测量放大器，用以放大各种微弱的差值信号。

练习与思考

一、填空题

1. 晶体三极管有两个 PN 结，即_____结和_____结；有三个电极，即_____极以及_____极和_____极，分别用_____、_____和_____表示。

2. 某晶体三极管的 U_{CE} 不变，基极电流 $I_B = 30\mu A$ 时，$I_C = 1.2mA$，则发射极电流 $I_E =$ _____。如果基极电流 I_B 增大到 $50\mu A$ 时，I_C 增加到 $2mA$，则发射极电流 $I_E =$ _____，三极管的电流放大系数 $\beta =$ _____。

3. 硅三极管的发射结的开启电压约为____V，锗三极管的发射结的开启电压约为_____V。晶体三极管处在正常放大状态时，硅管发射结的导通电压约____V，锗管发射结的导通电压约_____V。

4. 当晶体三极管的发射结_____偏、集电结_____偏时，工作在放大区；发射结_____偏、集电结_____偏时，工作在饱和区；发射结_____偏、集电结_____偏时，工作在截止区。

5. 放大电路按照三极管连接方式可以分为_____、_____和_____。

6. 放大电路中晶体三极管的静态工作点是指_____、_____和_____。

7. 放大电路在动态时，u_{CE}、i_B、i_C 都是由_____分量和_____分量组成。

8. 在共发射极放大电路中，输出电压 u_o 和输入电压 u_i 相位_____。

9. 影响静态工作点稳定的主要因素是_____，此外_____和_____也会影响静态工作点的稳定。

10. 在固定偏置放大电路中（NPN 管），若静态工作点设置过高，容易产生_____失真，减小失真的方法是使 R_b _____，Q 点_____；静态工作点过低，容易引起_____失真，此时 i_C 的_____半周出现平顶，u_o 的_____半周出现平顶。

11. 温度变化使放大电路的静态工作点不稳定，温度升高使 I_{CEO} _____、I_{CBO} _____、β _____，最终导致 I_C _____，Q 点_____，最常用的稳定静态工作点的放大电路是_____。

12. 射极输出器也叫_____，它的电压放大倍数_____，输出电压与输入电压相位_____。

二、选择题

1. 满足 $I_C = \beta I_B$ 的关系时，晶体三极管工作在（　　）。

    A. 截止区　　　　　　B. 饱和区　　　　　　C. 放大区

2. 晶体三极管工作在饱和状态时，它的集电极电流将（　　）。

    A. 随着基极电流的增加而增加

B. 随着基极电流的增加而减小

C. 与基极电流无关，只取决于 U_{CC} 和 R_C

3. 用万用表 $R \times 1k\Omega$ 挡测量一只正常的三极管，若用红表棒接触一只管脚，黑表棒分别接触另外两只管脚时测得的电阻均很大，则该三极管是（　　　）。

    A. PNP 型　　　　　　　　B. NPN 型　　　　　　　　C. 无法确定

4. 测得 NPN 型三极管上各电极对地电位分别为 $V_E = 2.1V$，$V_B = 2.8V$，$V_C = 4.4V$，说明此三极管处在（　　　）。

    A. 放大区　　　　　　　B. 饱和区　　　　　　　　C. 截止区

5. 三极管超过（　　　）所示极限参数时，必定被损坏。

    A. 集电极最大允许电流 I_{CM}

    B. 集—射极间反向击穿电压 $U_{(BR)CEO}$

    C. 集电极最大允许耗散功率 P_{CM}

6. 若使三极管具有电流放大能力，必须满足的外部条件是（　　　）。

    A. 发射结正偏、集电结正偏

    B. 发射结反偏、集电结反偏

    C. 发射结正偏、集电结反偏

7. 低频放大电路放大的对象是电压、电流的（　　　）。

    A. 稳定值　　　　　　　B. 变化量　　　　　　　　C. 平均值

8. 放大电路在动态时，为避免失真，发射结电压直流分量和交流分量的大小关系通常为（　　　）。

    A. 直流分量大　　　　　B. 交流分量大　　　　　　C. 相等

9. 在放大电路中，为了使工作处于饱和状态的三极管进入放大状态，可以采用（　　　）。

    A. 增大 R_b　　　　　　　B. 提高 V_{CC} 的绝对值　　　C. 减小 R_C

10. 在共射放大电路中，当输入正弦电压时，输出电压波形的负半周出现了平顶失真，则这种失真是（　　　）；为了消除失真，应当（　　　）。

    A. 截止失真　　　　　　B. 饱和失真　　　　　　　C. 频率失真

    D. 减小 R_C　　　　　　　E. 改换 β 小的管子　　　F. 增大 R_b　　　　G. 减小 R_b

三、判断题

（　　　）1. 晶体三极管的发射极和集电极可以互换使用。

（　　　）2. 发射结正向偏置的晶体三极管一定工作在放大状态。

（　　　）3. 常温下硅晶体三极管的 U_{BE} 约为 0.7V，且随着温度升高而减小。

（　　　）4. 当三极管的集电极电流大于它的最大允许电流 I_{CM} 时，该管必被击穿。

（　　　）5. 双极型三极管和单极型三极管的导电机理相同。

（　　）6. 双极型三极管的集电极和发射极类型相同，因此可以互换使用。

（　　）7. 在三极管放大电路中，其发射结加正向电压，集电结加反向电压。

（　　）8. 共发射极放大电路输出电压和输入电压相位相反，所以该电路有时被称为反相器。

（　　）9. 放大电路的静态工作点确定后，就不会受到外界因素的影响。

（　　）10. 固定偏置放大电路产生截止失真的原因是它的静态工作点设置偏低。

（　　）11. 分压式射极偏置放大电路中，β 增大时，电压放大倍数基本不变。

（　　）12. 采用分压式射极偏置放大电路的主要目的是提高输入电阻。

（　　）13. 放大电路中的输入信号和输出信号的波形总是反相关系。

（　　）14. 放大电路中的所有电容器，起的作用均为通交隔直。

（　　）15. 射极输出器的电压放大倍数等于1，因此它在放大电路中作用不大。

（　　）16. 分压式偏置共发射极放大电路是一种能够稳定静态工作点的放大器。

（　　）17. 设置静态工作点的目的是让交流信号叠加在直流量上全部通过放大器。

（　　）18. 晶体管的电流放大倍数通常等于放大电路的电压放大倍数。

（　　）19. 微变等效电路不能进行静态分析，也不能用于功放电路分析。

（　　）20. 微变等效电路中不但有交流量，也存在直流量。

四、综合题

1. 测得工作在放大状态的某三极管，其电流如下图所示，在图中标出各管的管脚，并且说明三极管是 NPN 型还是 PNP 型？

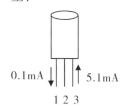

2. 根据下图所示的各晶体三极管对地电位数据分析各管的情况（说明是放大、截止、饱和还是哪个结已经开路或者短路）。

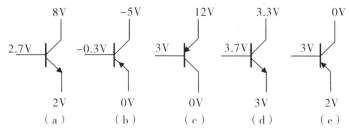

3. 如果把三极管的集电极和发射极对调使用，三极管会损坏吗？为什么？

4. 下图所示三极管的输出特性曲线，试指出各区域名称并根据所给出的参数进行分析计算。

(1) $I_B = 60\mu A$，$U_{CE} = 3V$，$I_C = ?$

(2) $I_C = 4mA$，$U_{CE} = 4V$，$I_B = ?$

(3) $U_{CE} = 3V$，I_B 为 $40 \sim 60\mu A$ 时，$\beta = ?$

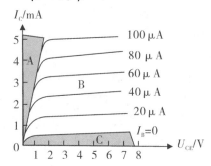

5. 已知 NPN 型三极管的输入—输出特性曲线如下图所示，当

(1) $U_{BE} = 0.7V$，$U_{CE} = 6V$，$I_C = ?$

(2) $I_B = 50\mu A$，$U_{CE} = 5V$，$I_C = ?$

(3) $U_{CE} = 6V$，U_{BE} 从 $0.7V$ 变到 $0.75V$ 时，求 I_B 和 I_C 的变化量，此时的 $\beta = ?$

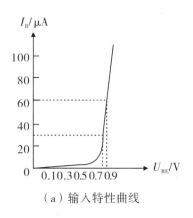

（a）输入特性曲线

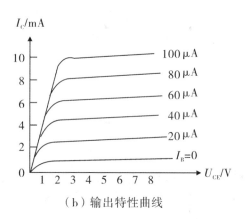

（b）输出特性曲线

6. 共发射极放大器中集电极电阻 R_C 起的作用是什么？

7. 放大电路中为何设立静态工作点？静态工作点的高、低对电路有何影响？

8. 下图所示为固定偏置放大电路，若三极管的 $\beta = 50$，$V_{CC} = 12V$，$R_b = 250k\Omega$，$R_C = 4k\Omega$，$R_L = 1k\Omega$，试求其静态工作点。

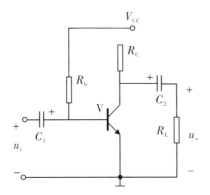

9. 如下图所示分压式偏置放大电路中，已知 $R_C = 3.3\text{k}\Omega$，$R_{B_1} = 40\text{k}\Omega$，$R_{B_2} = 10\text{k}\Omega$，$R_E = 1.5\text{k}\Omega$，$\beta = 70$。求静态工作点 I_{BQ}、I_{CQ}和 U_{CEQ}（图中晶体管为硅管）。

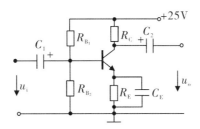

10. 指出下图中各放大电路能否正常工作，如不能，请校正并加以说明。

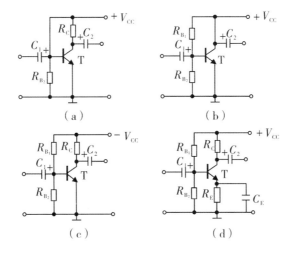

（a）　　　（b）

（c）　　　（d）

参考答案

一、填空题

1. 集电结　发射结　基　发射　集电　B（b）　E（e）　C（c）

2. 1.23mA　2.05mA　40

3. 0. 5　0. 1　0. 7　0. 3

4. 正　反　正　正　反　反

5. 共基极放大电路（共基）　共集电极放大电路（共集）　共发射极放大电路（共射）

6. I_{BQ}　I_{CQ}　U_{CEQ}

7. 直流　交流

8. 相反

9. 温度　电压波动　三极管老化

10. 饱和　增大　下移　截止　负　正

11. 变大　变大　变大　变大　向左上方偏移（上移）　分压偏置电路

12. 射极跟随器　约为 1　相同

二、选择题

1. C　2. C　3. B　4. A　5. C　6. C　7. B　8. A　9. A　10. B　F

三、判断题

1. ×　2. ×　3. ×　4. ×　5. ×　6. ×　7. √　8. √　9. ×　10. √　11. ×　12. ×
13. ×　14. √　15. ×　16. √　17. √　18. √　19. √　20. ×

四、综合题

1. 答：

1 脚为基极 b，2 脚为集电极 c，3 脚为发射极 e。因为发射极电流流进三极管，所以该管为 PNP 型三极管。

2. 答：

（a）为放大；（b）为放大；（c）为放大；（d）为饱和；（e）为截止。

3. 答：

集电极和发射极对调使用，三极管不会损坏，但是其电流放大倍数会大大降低。因为集电极和发射极的杂质浓度差异很大，且结面积也不同。

4. 答：

A 区是饱和区，B 区是放大区，C 区是截止区。

（1）观察图，对应 $I_B = 60\mu A$、$U_{CE} = 3V$ 处，集电极电流 I_C 约为 3.5mA；

（2）观察图，对应 $I_C = 4mA$、$U_{CE} = 4V$ 处，I_B 约小于 $80\mu A$ 和大于 $70\mu A$；

（3）对应 $\Delta I_B = 20\mu A$、$U_{CE} = 3V$ 处，$\Delta I_C \approx 1mA$，所以 $\beta \approx 1\,000/20 \approx 50$。

5. 解：

（1）由（a）曲线查得 $U_{BE} = 0.7V$ 时，对应 $I_B = 30\mu A$，由（b）曲线查得 $I_C \approx 3.6mA$；

（2）由（b）曲线可查得此时 $I_C \approx 5mA$；

（3）由输入特性曲线可知，U_{BE} 从 $0.7V$ 变到 $0.75V$ 的过程中，$\Delta I_B \approx 30\mu A$；由输出特性曲线可知，$\Delta I_C \approx 2.4mA$，所以 $\beta \approx 2\,400/30 \approx 80$。

6. 答：

R_C 起的作用是把晶体管的电流放大转换成放大器的电压放大。

7. 答：

设立静态工作点的目的是使放大信号能全部通过放大器。Q 点过高易使传输信号部分进入饱和区；Q 点过低易使传输信号部分进入截止区，其结果都是信号发生失真。

8. 解：

静态工作点 Q（I_{BQ}、I_{CQ}、U_{CEQ}）：

$$I_{BQ} = \frac{V_{CC}}{R_B} = \frac{12}{250 \times 10^3} \approx 0.05mA$$

$$I_{CQ} = \beta I_{BQ} = 50 \times 0.05 = 2.5mA$$

$$U_{CEQ} = V_{CC} - I_{CQ}R_C = 12 - 2.5 \times 3 = 4.5V$$

9. 解：

静态工作点为：

$$V_B = \frac{25 \times 10}{40 + 10} = 5V \qquad I_{CQ} = I_{EQ} = \frac{5 - 0.7}{1.5} \approx 2.87mA$$

$$I_B = \frac{2.87}{1 \times 70} \approx 40\mu A$$

$$U_{CE} = 25 - 2.87\,(3.3 + 1.5) \approx 11.2V$$

10. 答：

（a）图缺少基极分压电阻 R_{B_1}，造成 $V_B = U_{CC}$ 太高而使信号进入饱和区发生失真，另外还缺少 R_E、C_E 负反馈环节，当温度发生变化时易使放大信号产生失真；

（b）图缺少集电极电阻 R_C，无法起电压放大作用，同时少 R_E、C_E 负反馈环节；

（c）图中 C_1、C_2 的极性反了，不能正常隔直通交，而且也缺少 R_E、C_E 负反馈环节；

（d）图的管子是 PNP 型，而电路却是按 NPN 型管子设置的，所以只要把管子调换成 NPN 型管子即可。

任务 **3** 　**晶闸管及其应用**

▶ 学习目标 ▶▶

（1）了解晶闸管、单结晶体管的结构、类型及其符号。

（2）理解晶闸管、单结晶体管的工作特性及其应用。

（3）知道晶闸管、单结晶体管的主要参数。

（4）能识别晶闸管、单结晶体管，能检测电极与性能。

（5）能口述触发电路的组成及其工作原理。

▶ 学习内容 ▶▶

一、单向晶闸管

晶闸管别名又叫可控硅（SCR）（Silicon Controlled Rectifier），是一种大功率半导体器件，出现于 20 世纪 70 年代。它的出现使半导体器件由弱电领域扩展到强电领域。

晶闸管具有体积小、重量轻、无噪声、寿命长、容量大（正向平均电流达千安、正向耐压达数千伏）的特点。主要应用于整流（交流—直流）、逆变（直流—交流）、变频（交流—交流），此外还可作无触点开关等。

（一）单向晶闸管的结构及其符号

单向晶闸管是一种大功率 PNPN 四层半导体元件，具有三个 PN 结，引出三个极，阳极 A、阴极 K、门极（控制极）G，其外形如图 4 - 41 所示。

（a）塑封式　　　　　（b）螺旋式　　　　　（c）平板式

图 4 - 41

图4-42（a）所示为晶闸管的图形符号及文字符号。晶闸管的内部结构和等效电路如图4-42（b）、4-42（c）所示。

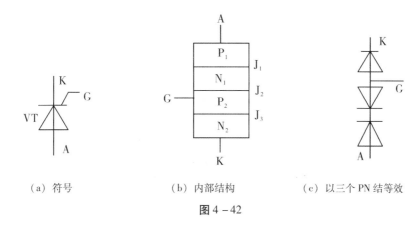

（a）符号　　　　　　（b）内部结构　　　　（c）以三个PN结等效

图4-42

（二）单向晶闸管的工作特性

晶闸管工作原理实验电路图如图4-43所示：

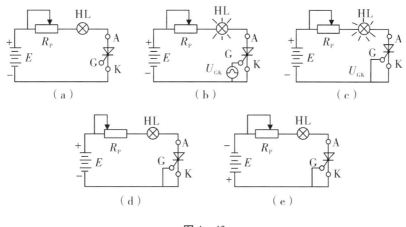

（a）　　　　　　　（b）　　　　　　　（c）

（d）　　　　　　　（e）

图4-43

通过以上实验，按以下的操作过程，可获知单向晶闸管的工作特性：

第一步：按图4-43（a）接线，晶闸管不导通，指示灯不亮。

第二步：见图4-43（b），在晶闸管的栅极阴极间加触发电压 U_{GK}，晶闸管导通，指示灯亮。

第三步：按图4-43（c）接线，去掉触发电压，晶闸管仍导通，指示灯亮。

第四步：按图 4 – 43（d）接线，去掉触发电压，将电位器阻值加大，晶闸管电流减小。当电流减小到一定值时，晶闸管关断，指示灯熄灭。

第五步：按图 4 – 43（e）接线，去掉触发电压，将电源极性反接，晶闸管关断，指示灯熄灭。

可得出结论：

（1）单向晶闸管的导通必须具备以下两个条件：

①在阳极（A）与阴极（K）之间必须为正向电压（或正向偏压），即 $U_{AK} > 0$。

②在控制极（G）与阴极（K）之间也应有正向触发电压，即 $U_{GK} > 0$。

（2）晶闸管导通后，控制极（G）将失去作用，即当 $U_{GK} = 0$ 时，晶闸管仍导通。

（3）单向晶闸管要关断时，必须满足：使其导通（工作）电流小于晶闸管的维持电流值或在阳极（A）与阴极（K）之间加上反向电压（反向偏压），即 $I_V < I_H$ 或 $U_{AK} < 0$。

（三）单向晶闸管的检测方法

1. 极别的判断

挡位选择：通过用万用表 $R \times 100$ 或 $R \times 1k$ 挡测量普通晶闸管各引脚之间的电阻值，即能确定三个电极。

具体方法是将万用表黑表笔任接晶闸管某一电极，用红表笔依次去触碰另外两个电极。

先找门极 G：若测量结果有一次阻值较大，而另一次阻值较小，则可判定黑表笔接的是门极 G。

A、K 极：在阻值较小的测量中，红表笔接的是阴极 K；而在阻值较大的测量中，红表笔接的是阳极 A，若两次测出的阻值均很大，则说明黑表笔接的不是门极 G，应用同样方法改测其他电极，直到找出三个电极为止，如图 4 – 44 所示。

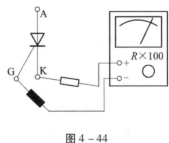

图 4 – 44

原理：GA 极电阻较大（为几千欧姆），GK 极电阻较小（为几百欧姆），AK 正反向电阻均为无穷大。

2. 性能的判断

（1）选用万用表的电阻 $R \times 1k$ 挡，测量 G 极与 A 极之间、A 极与 K 极之间的正反向电阻均应为无穷大。若 G 极与 A 极之间、A 极与 K 极之间的正反向电阻都很小，说明单向晶闸管内部击穿，见表 4-4。

（2）选用万用表的电阻 $R \times 100$ 挡，将黑表笔接 A 极，红表笔接 K 极；再将 G 极与黑表笔（或 A 极）瞬间相碰触一下，单向晶闸管应出现导通状态即万用表指针向右偏转，并能维持导通状态，见表 4-4。

表 4-4

极间电阻	阻值	结论
A-K 间正反向电阻	无穷大	正常
	零（或较小）	内部击穿短路（漏电）
G-K 间正反向电阻	正向电阻小，反向电阻大	正常
	都很大	开路
	都很小	短路
	相等（或相近）	失效
A-G 间正反向电阻	很大	正常
	一大一小	有一个 PN 结已被击穿

（四）单向晶闸管的主要参数

1. 额定正向平均电流 I_T

额定正向平均电流 I_T 是指在规定的环境温度和散热条件下，允许通过阳极和阴极之间的电流平均值。

2. 维持电流 I_H

维持电流 I_H 是指在规定的环境温度和控制极 G 断开的条件下，保持晶闸管处于导通状态所需要的最小正向电流。

3. 控制极触发电压和电流

控制极触发电压和电流是指在规定的环境温度和一定的正向电压条件下，使晶闸管从关断到导通时，控制极 G 所需要的最小正向电压和电流。

4. 反向阻断峰值电压（额定电压）

反向阻断峰值电压是指在规定的环境温度和控制极 G 断开的条件下，可以允许重复加到晶闸管的反向峰值电压，又称为晶闸管的额定电压。

二、双向晶闸管

（一）双向晶闸管的结构及其符号

双向晶闸管的外形如图 4 – 45 所示：

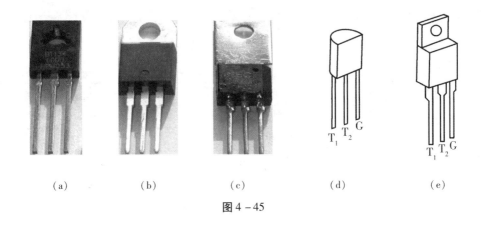

（a） （b） （c） （d） （e）

图 4 – 45

双向晶闸管的结构与符号如图 4 – 46 所示，它是一个 NPNPN 五层结构的半导体器件，其功能相当于一对反向并联的单向晶闸管，电流可以从两个方向通过。所引出的三个电极分别为第一阳极 T_1、第二阳极 T_2 和控制极 G。

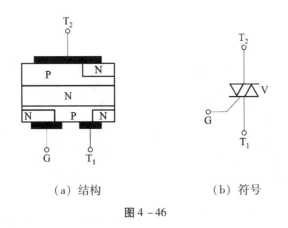

（a）结构 （b）符号

图 4 – 46

（二）双向晶闸管的工作特性

（1）双向晶闸管导通必须具备的条件是：只要在控制极（G）加有正向或负向触发电

压（即 $U_G > 0$ 或 $U_G < 0$），则不论第一阳极（T_1）与第二阳极（T_2）之间加正向电压或是反向电压，晶闸管都能导通。

（2）晶闸管导通后，控制极（G）将失去作用。当 $U_G = 0$ 时，晶闸管仍然导通。

（3）只要使其导通（工作）电流小于晶闸管的维持电流值，或第一阳极（T_1）与第二阳极（T_2）间外加的电压过零时，双向晶闸管都将关断。

（三）双向晶闸管的检测方法

1. 极性判别

（1）T_2 极的确定。

选用万用表的电阻 $R \times 1$ 或 $R \times 10$ 挡；用一表棒固定接一管脚，另一表棒分别接其余两个管脚。测读出一组电阻值并不断变换。因第二阳极 T_2 与控制极 G 极之间、第二阳极 T_2 与第一阳极 T_1 之间的电阻均应为无穷大，所以，当测出某管脚与其余两管脚的阻值为无穷大时，则表棒固定所接的管脚为第二阳极 T_2，如图 4 – 47（a）所示。带有散热板的双向晶闸管，T_2 极往往是与散热板相连接，如图 4 – 47 所示。

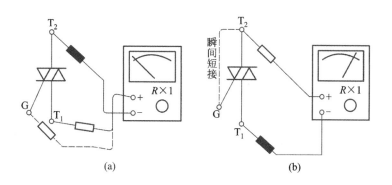

图 4 – 47

（2）其余两极的确定。

将黑表棒接假设的 T_1 极，红表棒接已确定的 T_2 极。在红表棒不断开与 T_2 极连接的情况下，将 T_2 极（或红表棒）与假设的 G 极瞬间相碰触一下。若双向晶闸管出现导通状态即万用表指针向右偏转，并能维持导通状态，则上述假设的两极为正确，如图 4 – 47（b）所示。若不出现上述现象，可改变两极的连接表棒再测。

2. 检测方法

（1）选用万用表的电阻 $R \times 1$ 或 $R \times 10$ 挡，将黑表棒接 T_1 极，红表棒接 T_2 极。在红表棒不断开与 T_2 极连接的情况下，将 T_2 极（或红表棒）与 G 极瞬间相碰触一下。万用表指针应向右偏转，并能维持导通状态，如图 4 - 48（a）所示。这说明晶闸管已经导通，导通方向为 $T_1 \rightarrow T_2$。

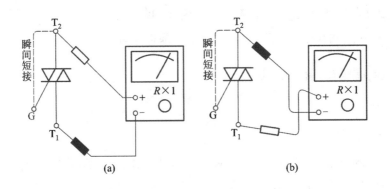

图 4 - 48

（2）将黑表棒接 T_2 极，红表棒接 T_1 极。在黑表棒不断开与 T_2 极连接的情况下，将 T_2 极（或黑表棒）与 G 极瞬间相碰触一下，万用表指针应再次向右偏转，并能维持导通状态，如图 4 - 48（b）所示。这说明晶闸管已经再次导通，导通方向为 $T_2 \rightarrow T_1$。

上述表明双向晶闸管具有双向触发特性。若不能实现上述现象或不管使用何种方法测量都不能使晶闸管触发导通，说明管子已损坏。

双向晶闸管的符号是 V，型号有 BCM1A 或 BT，表示电流是 1A，电压是 600V。

三、单结晶体管

（一）单结晶体管的结构及其符号

单结晶体管的原理结构如图 4 - 49（a）所示，图中 e 为发射极，b_1 为第一基极，b_2 为第二基极。由图可见，在一块高电阻率的 N 型硅片上引出两个基极 b_1 和 b_2，两个基极之间的电阻就是硅片本身的电阻，一般为 2 ~ 2kΩ。在两个基极之间靠近 b_1 的地方用合金法或扩散法掺入 P 型杂质并引出电极，成为发射极 e。它是一种特殊的半导体器件，有三个电极，只有一个 PN 结，因此称为"单结晶体管"，又因为管子有两个基极，所以又称为"双基极二极管"。

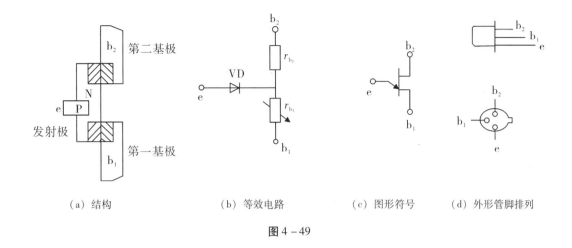

（a）结构　　　　　（b）等效电路　　　　（c）图形符号　　　（d）外形管脚排列

图 4 - 49

单结晶体管的等效电路如图 4 - 49（b）所示，两个基极之间的电阻 $r_{bb} = r_{b_1} + r_{b_2}$。在正常工作时，$r_{b_1}$ 是随发射极电流大小而变化，相当于一个可变电阻。PN 结可等效为二极管，它的正向导通压降常为 0.7 V。单结晶体管的图形符号如图 4 - 49（c）所示。触发电路常用的国产单结晶体管的型号主要有 BT31、BT33、BT35，其外形与管脚排列如图4 - 49（d）所示。

（二）单结晶体管的检测方法

1. e 极的确定

选用万用表电阻 $R \times 100$ 挡；用黑表棒固定接一管脚，红表棒分别接其余两个管脚，测读其一组电阻值并不断变换。若测得其中一组的电阻值均为较小时，则黑表棒所接的管脚为 e 极。

2. b_1 和 b_2 极的判别

用黑表棒固定接 e 极，红表棒分别接其余两个管脚，测读其电阻；比较二次测得电阻值，电阻值较大的一次，表明红表棒接的为 b_1 极，剩余一管脚为 b_2 极。

通常，金属类的单结晶体管的金属外壳为 b_2 极。

四、单相可控整流电路

（一）单相半波可控整流电路

图 4 - 50 是单相半波可控整流电路，工作原理简述为：

u_2 为正半周时，在电角度 α 期间，晶闸管关断；在电角度 θ 期间，晶闸管导通。u_2 为负半周时，晶闸管关断。通常将电

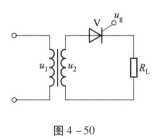

图 4 - 50

角度 α 称为控制角，将电角度 θ 称为导通角。

比较单相半波可控整流波形图 4 – 51（a）、（b）可见，显然控制角 α 越大，导通角 θ 就越小，输出的负载电压 u_L（直流电平均值）就越小。因此，只要改变触发电压 u_g 到来的时间，亦即改变控制角 α 的大小，也就可改变导通角 θ 的大小，从而改变或调节输出的负载电压 u_L。

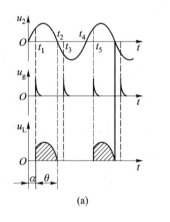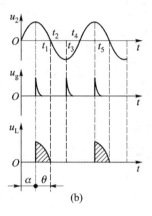

(a)   (b)

图 4 – 51

（二）单相桥式可控整流电路

图 4 – 52 是单相半控桥式可控整流电路及波形，电路中四个整流元件有两个是晶闸管（V_1、V_2），两个是二极管（VD_1、VD_2），故称为半控桥式。若四个整流元件是晶闸管，则称为单相全控桥式可控整流电路。其工作原理简述为：

在 u_2 的一个周期里，不论 u_2 是正半周（即 $u_2 > 0$）还是负半周（即 $u_2 < 0$），总有一个晶闸管和一个二极管同时导通，从而在负载 R_L 上得到单向的全波脉动直流电 u_L。

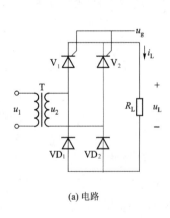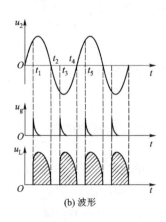

(a) 电路   (b) 波形

图 4 – 52

该电路也是通过调节触发信号 u_g 到来的时间来改变晶闸管的控制角 α，即改变导通角 θ，从而实现控制或调节输出的直流电。

它的工作原理为利用电阻电容元件构成触发电路的单向晶闸管调光灯电路，交流电经过单相桥式可控整流电路变成直流触发电压，加在晶闸管的电极上，直到脉动经过滑动变阻器、电阻，向电容充电。当充至一定值时，晶闸管开通，灯泡发光，当单向晶闸管的电压过零时，晶闸管关断。不断重复以上过程，调节滑动变阻器可以改变电容的充电速率，所以改变晶闸管的导通角可以使灯泡正电流的有效值发生变化，以达到无级调光灯的目的。

五、单结晶体管触发电路

RC 充放电电路是电阻器应用的基础电路，在电子电路中会常常见到如图 4 - 53 所示。因此，了解 RC 充放电特性是非常有用的。

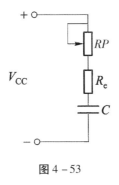

图 4 - 53

改变 RP，可改变电容充电时间。RP 越小，充电速度越快；RP 越大，充电速度越慢。

单结晶体管触发电路如图 4 - 54 所示，是单结晶体管自激振荡电路。

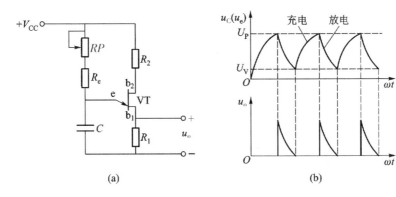

图 4 - 54

如图 4 - 54 所示，接通电源后，电源 V_{CC} 经过 RP 和 R_e 对电容 C 充电，电容电压 u_C 指数规律上升。当 u_C 上升到 u_p 时（即 $u_e \geq u_p$），单结晶体管 VT 迅速导通，电容电压 u_C 瞬间加至 R_1 的两端，u_o 出现突跳变；同时，电容 C 通过 R_1 放电，即使电容电压 u_C 通过 R_1 放电，u_o 出现缓慢下降，因此在 R_1 上产生一个尖脉冲电压 u_o，见图 4 - 54（b）。

在放电过程中，当电容电压 u_C 下降到 U_V 时，单结晶体管截止，放电结束。此后电容 C 又充电，重复上述过程，于是在电容 C 上形成锯齿波形电压，而在 R_1 上产生一系列的尖脉冲电压 u_o，如图 4 - 54（b）所示。

如图 4 - 54 所示，若将电阻 RP 调小，电容 C 充电就会加快，u_C 上升到 u_p 的时间就会变短，出现尖脉冲的时间就提前。可见，调节 RP 值就可以调整电容 C 充电的快慢，亦可控制单结晶体管 VT 迅速导通时间，即改变触发脉冲产生的时间，从而改变输出脉冲的频率。

》 任务小结 》》

（1）晶闸管是一种大功率的变流器件，俗称可控硅。其可分为单向晶闸管和双向晶闸管两种，应用最广的是单向晶闸管。晶闸管是一种大功率 PNPN 四层半导体元件，具有三个 PN 结，引出三个极，阳极 A、阴极 K、门极（控制极）G。

（2）晶闸管导通条件为阳极加正向电压、门极加适当正向电压，其关断条件为流过晶闸管的电流小于维持电流。晶闸管被触发导通后，其控制极将失去控制作用。

（3）单向晶闸管输出的直流电具有可控性。在其阳极和阴极间加上正向电压后，还必须同时在控制极和阴极间加适当的触发脉冲，才能使晶闸管导通。因此，晶闸管在正向电压下的输出取决于触发脉冲到来的时间。晶闸管的触发脉冲信号是由单结晶体管及其电路来产生或形成。

（4）单结晶体管是只有一个 PN 结的三极管，具有两个基极，即第一基极和第二基极，因此又称为双基极二极管。

（5）由晶闸管及其单结晶体管触发电路组成的电路的应用主要在可控整流、逆变和交流调压等方面。本任务只介绍在调光、调速方面的应用。

（6）在完成本任务之后，应学会单、双向晶闸管和单结晶体管的电极判别及检测方法。

》 练习与思考 》》

一、填空题

1. 单向晶闸管具有_____极、_____极和_____极。

2. 单向晶闸管导通必须具备＿＿＿＿＿＿＿＿＿＿条件和＿＿＿＿＿＿＿＿＿＿＿条件。

3. 单向晶闸管要关断时，必须满足＿＿＿＿＿＿＿＿＿＿条件。

4. 维持电流是指在＿＿＿＿＿＿＿＿＿＿条件下，＿＿＿＿＿＿＿＿，保持晶闸管处于导通所必须的最小电流。

5. 单结晶体管有＿＿＿＿＿个 PN 结。

6. 改变＿＿＿＿＿的大小，就可控制单结晶体管迅速导通与截止。

7. 单结晶体管的＿＿＿＿＿是随发射极电流而变的。

8. 单相半波可控整流电路在正半周时，在电角度 α 期间，晶闸管＿＿＿＿＿；在电角度 θ 期间，晶闸管＿＿＿＿＿。

9. 桥式可控整流电路，若电路中四个整流元件有两个是晶闸管，则称为＿＿＿＿＿。

二、选择题

1. 下面哪种功能不属于变能的功能（　　　）。

　　A. 有源递变　　　　　　　B. 交流调压　　　　　　　C. 变压器降压

2. 单向晶闸管导通必须具备条件：（　　　）。

　　A. $U_{AK} > 0$　　　　　　B. $U_{GK} > 0$　　　　　　C. $U_{AK} > 0$ 和 $U_{GK} > 0$

3. 晶闸管要关断时，其导通电流（　　　）晶闸管的维持电流值。

　　A. 小于　　　　　　　　　B. 大于　　　　　　　　　C. 等于

4. 在晶闸管的阳极与阴极之间加上（　　　）偏压，晶闸管将要关断。

　　A. 正向　　　　　　　　　B. 反向　　　　　　　　　C. 双向

5. 晶闸管触发电路中，若改变（　　　）的大小，则输出脉冲会发生相位移动，达到移相控制的目的。

　　A. 控制电压　　　　　　　B. 同步电压　　　　　　　C. 脉冲变压器变比

6. 如某晶闸管的正向阻断重复峰值电压为 745V，反向重复峰值电压为 825V，则该晶闸管的额定电压为（　　　）。

　　A. 700V　　　　　　　　　B. 750V　　　　　　　　　C. 800V

7. 晶闸管的承受过电压、过电流的能力（　　　）。

　　A. 较差　　　　　　　　　B. 一般　　　　　　　　　C. 较强

8. 请在晶闸管符号上标出三个电极：（　　　）。

　　A. 1：阴极，2：控制极，3：阳极

　　B. 1：阴极，2：阳极，3：控制极

　　C. 1：阳极，2：阴极，3：控制极

　　D. 1：控制极，2：阳极，3：阴极

9. 当加在晶闸管两端的电压超过其（ ）电压时，称为过电压。

    A. 有效值   B. 额定值   C. 最大值

10. 晶闸管的导通角 θ 越小，输出的负载电压 u_L 就（ ）。

    A. 越小   B. 不变   C. 越大

11. 调整电容 C 充电变慢，单结晶体管 V 导通时间延迟，即使触发脉冲产生的时间
    （ ）。

    A. 提前   B. 不变   C. 延迟

12. 晶闸管可控整流电路是由整流电路和（ ）电路两部分组成的。

    A. 电源   B. 触发   C. 输出

三、判断题

（ ）1. 晶闸管串联使用时，必须注意均流问题。

（ ）2. 单向晶闸管导通后，控制极将失去作用。

（ ）3. 晶闸管的控制极仅在触发晶闸管导通时起作用。

（ ）4. 晶闸管的控制极加上触发信号后，晶闸管就会导通。

（ ）5. 只要阳极电流小于维持电流，晶闸管就会关断。

（ ）6. 只要给晶闸管加足够大的正向电压，没有控制信号也能导通。

（ ）7. 单结晶体管有两个 PN 结。

（ ）8. 单结晶体管又称为双基极二极管。

（ ）9. 改变 U_{be_2} 的大小，就可控制单结晶体管迅速导通与截止。

（ ）10. 在可控整流电路中，其控制角越大，则导通角越大。

（ ）11. 整流电路中，晶闸管的触发角越大，其导通角越大，整流出的电压越大。

四、综合题

1. 简述单向晶闸管与普通二极管的区别。

2. 简述单结晶体管自激振荡电路的工作原理。

3. 简述台灯调光电路的工作原理。

4. 在右图所示的单相半波可控整流电路中，已知 $U_2 = $
50V，$R_L = 100\Omega$，$\alpha = 60°$，试求：

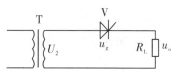

（1）导通角 θ；

（2）输出电压的平均值；

（3）输出电流的平均值。

5. 在右图所示的单相桥式可控整流电路中，已知 $u_2 = 50\text{V}$，$R_L = 100\Omega$，$\alpha = 30°$，
试求：

(1) 导通角 θ；

(2) 输出电压的平均值；

(3) 输出电流的平均值。

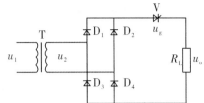

参考答案

一、填空题

1. 阳　阴　控制

2. 阳极和阴极之间外加正向电压　控制极与阴极之间有正向触发电压

3. 阳极与阴极之间外加反向电压

4. 规定的环境温度　控制极 G 断开时

5. 1

6. RP

7. R_{b_1}

8. 关断　导通

9. 半控桥式

二、选择题

1. C　2. C　3. A　4. B　5. A　6. B　7. C　8. A　9. B　10. A　11. C　12. B

三、判断题

1. ×　2. √　3. √　4. ×　5. √　6. ×　7. ×　8. √　9. ×　10. ×　11. ×

四、综合题

1. 答：

单向晶闸管在阳极与阴极之间外加正向电压，同时必须控制极与阴极外加正向电压，才能使其导通，而二极管只需要在阳极与阴极之间外加正向电压就能使其导通。

2. 答：

接通电源后，对电容 C 充电，电容电压 u_C 指数规律上升，当 u_C 上升到 u_p 时（即 $u_e = u_p$），单结晶体管 VT 迅速导通，电容电压 u_C 瞬间加至 R_1 的两端，u_o 出现突跳变；同时，电容 C 通过 R_1 放电，即使电容电压 u_C 通过 R_1 放电，u_o 出现缓慢下降，因此在 R_1 上产生一个尖脉冲电压 u_o。在放电过程中，当电容电压 u_C 下降到 u_V 时，单结晶体管截止，放电结束。

3. 答:

利用电阻电容元件构成触发电路的单向晶闸管调光灯电路,交流电经过单相桥式整流电路变成直流触发电压,加在晶闸管的电极上,直到脉动经过滑动变阻器,向电容充电。当充至一定值时,晶闸管开通,灯泡发光。当单向晶闸管的电压过零时,晶闸管关断,不断重复以上过程。调节滑动变阻器可以改变电容的充电速率,所以改变晶闸管的导通角可以使灯泡正电流的有效值发生变化,以达到无级调光灯的目的。

4. 解:

（1）$\theta = 180° - 60° = 120°$

（2）$u_o = 50 \times 0.45 \times \cos 120° = -11.25\text{V}$

（3）$I_o = 11.25/100 = 0.1125\text{A}$

5. 解:

（1）$\theta = 180° - 30° = 150°$

（2）$u_o = 50 \times 0.9 = 45\text{V}$

（3）$I_o = 45/100 = 0.45\text{A}$

任务 ④　　数字电路及其应用

学习目标 》》

（1）了解数字电路。

（2）知道基本逻辑关系的类型及其应用。

（3）掌握数制及其转换。

（4）能口述数字电路的逻辑关系及门电路的类型。

（5）能灵活应用逻辑门电路解决问题。

学习内容 》》

一、数字电路概述

数字电子技术不仅广泛应用于现代数字通信、自动控制、测控、数字计算机等各个领域,而且已经进入千家万户的日常生活中,如有线电视。有线电视传输的信号有两种,即模拟电视信号和数字电视信号。模拟电视信号是随时间连续变化的音视频信号,而数字电视信号则是将现场的模拟电视信号进行数字化处理后获得的电视信号。

数字电视是指拍摄、剪辑、制作、播出、传输、接收等全过程都使用数字技术的电视系统，是电视广播发展的方向。数字电视的具体传输过程是：由电视台送出的图像及声音信号，经数字压缩和数字调制后，形成数字电视信号，经过卫星、地面无线广播或有线电缆等方式传送，由数字电视机接收后，通过数字解调和数字视音频解码处理还原出原来的图像及伴音。

在城市常用有线电缆方式传送数字电视信号（俗称有线电视），而农村常用卫星广播系统（俗称卫星电视）。图 4 – 55 所示为卫星直播数字电视接收系统。

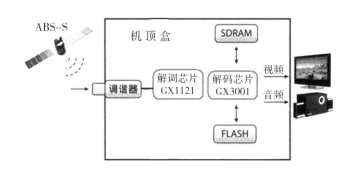

图 4 – 55

（一）数字电路的基本概念

1. 模拟信号、电路和数字信号、电路

$$电子电路中的信号\begin{cases}模拟信号\to模拟电路\\数字信号\to数字电路\end{cases}$$

（1）模拟信号：在时间上和数值上均为连续变化的信号，如图 4 – 56 所示的正弦波信号。

（2）模拟电路：处理模拟信号的电路，如整流电路、放大电路等，重点研究输入和输出信号间的大小及相位关系。模拟电路中，三极管通常工作在放大区。

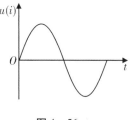

图 4 – 56

（3）数字信号：不随时间连续变化的信号，或者说其信号在数值上、在出现的时间上是断续的，如图 4 – 57（a）、（b）、（c）、（d）所示分别为尖峰波、矩形波、锯齿波和阶梯波信号。这是几种典型的数字信号，它们都是突变信号，持续时间短暂，因此数字信号也称作脉冲信号。

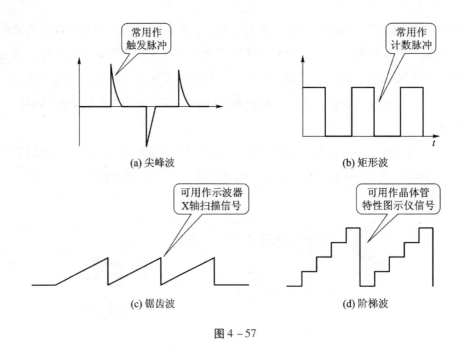

图 4 - 57

根据脉冲信号跃变后数值与初始值的关系，脉冲信号可分为正脉冲波形和负脉冲波形：如果脉冲跃变后的值比初始值高，则称为正脉冲波形，如图 4 - 58（a）所示；反之则称为负脉冲波形，如图 4 - 58（b）所示。

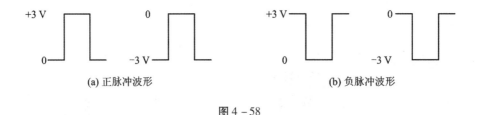

图 4 - 58

数字电路中常用矩形波作为工作信号，矩形波的理想波形如图 4 - 59（a）所示。但实际的矩形脉冲前后沿都不可能像理想脉冲那么陡峭，而是如图4 - 59（b）所示的形式。因此常用到以下几个参数来描述数字信号：

①脉冲幅度 U_m：脉冲信号变化的最大值，单位为伏（V）；

②脉冲前沿 t_r：从脉冲幅度的 10% 上升到 90% 所需的时间，单位为秒（s）；

③脉冲后沿 t_f：从脉冲幅度的 90% 下降到 10% 所需的时间，单位为秒（s）；

④脉冲宽度 t_w：从脉冲前沿幅度的 50% 到后沿 50% 所需的时间，单位为秒（s）；

⑤脉冲周期 T：在周期性脉冲中，相邻两个脉冲波形重复出现所需要时间，单位为秒（s）；

⑥脉冲频率 f：单位时间的脉冲数，$f = 1/T$，单位为赫兹（Hz）。

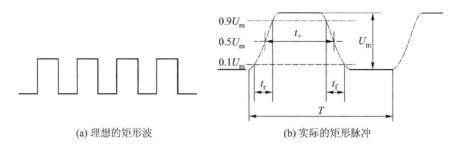

(a) 理想的矩形波　　　　　　　(b) 实际的矩形脉冲

图 4 - 59

（4）数字电路：处理数字信号的电路。它着重研究的是输入、输出信号之间的逻辑关系，所以也称为逻辑电路。在数字电路中，三极管一般工作在截止区和饱和区，起开关的作用。

2. 数字信号的表示方法

为了便于数字信号的处理，在数字电子技术中，数字信号只取 0 和 1 两个基本数码，反映在电路中可对应为低电平与高电平两种状态。

（1）由于数字电路是以二值数字逻辑为基础，仅有 0 和 1 两个基本数码，可用半导体二极管、三极管的导通和截止这两种相反状态来实现，组成电路的基本单元便于制造和集成。

（2）由数字电路构成的数字系统工作可靠，精度较高，抗干扰能力强。

（3）数字电路不仅能完成数值运算，而且能进行逻辑判断和运算。

（4）数字信息便于长期保存。

（二）数制与编码

由于数字电路只涉及两个数码，称为二进制运算，与日常生活中习惯使用的十进制运算有所不同。

1. 几个基本概念

（1）数码：能表示物理量大小的数字符号。例如，日常生活中常用的十进制数使用的是 0、1、2、3、4、5、6、7、8、9 十个不同数码。

（2）数制：计数制的简称，表示多位数码中每一位的构成方法，以及从低位到高位的进制规则。常用的计数制有二进制、八进制、十进制、十六进制等。

（3）权：每种数制中，数码处于不同位置（即不同的数位），它所代表的数量的含义是不同的。各数位上数码表示的数量等于该数码与相应数位的权之乘积。权即与相应数位的数码相乘从而得到该数码实际代表的数量的数。例如：十进制数 123 中："1" 表示 1 ×

10^2，"2"表示 2×10^1，"3"表示 3×10^0。由此可见，10^0、10^1、10^2 分别为十进制数的个位、十位、百位的权。

2．计数制

表示数时，一位数码往往不够用，必须用进位计数的方法组成多位数码。多位数码每一位的构成以及从低位到高位的进位规则称为进位计数制，简称计数制。日常生活中，人们常用的计数制是十进制，而在数字电路中通常采用的是二进制，有时也采用八进制和十六进制。

（1）基数：各种计数进位制中数码的集合称为基，计数制中用到的数码个数称为基数。

二进制有 0 和 1 两个数码，因此二进制的基数是 2；八进制有 0 ~ 7 八个数码，八进制的基数是 8；十进制有 0 ~ 9 十个数码，所以十进制的基数是 10；十六进制有 0 ~ 15 十六个数码，所以十六进制的基数是 16。

（2）位权：任一计数制中的每一位数，其大小都对应该位上的数码乘上一个固定的数，这个固定的数称作各位的权，简称位权。位权是各种计数制中基数的幂。

例如：十进制数 $(2368)_{10} = 2 \times 10^3 + 3 \times 10^2 + 6 \times 10^1 + 8 \times 10^0$

其中各位上的数码与 10 的幂相乘表示该位数的实际代表值，如 2×10^3 代表 2 000，3×10^2 代表 300，6×10^1 代表 60，8×10^0 代表 8。而各位上的 10 的幂就是十进制数各位的权。

3．二进制、八进制、十进制、十六进制数的特点

（1）二进制数。

二进制数中只有 0 和 1 两个数码，按"逢二进一""借一当二"的原则计数，2 是它的基数。二进制的各数位的权为 2 的幂。

如：$(10111001)_2 = (1 \times 2^7 + 0 \times 2^6 + 1 \times 2^5 + 1 \times 2^4 + 1 \times 2^3 + 0 \times 2^2 + 0 \times 2^1 + 1 \times 2^0)_{10}$
$$= (185)_{10}$$

（2）八进制数。

组成八进制数的符号有 0、1、2、3、4、5、6、7 八个数码，按"逢八进一""借一当八"的原则计数，8 是它的基数。

（3）十进制数。

十进制数是日常生活中使用最广泛的计数制。组成十进制数的符号有 0、1、2、3、4、5、6、7、8、9 十个数码，按"逢十进一""借一当十"的原则计数，10 是它的基数。任一个十进制数都可以用加权系数展开式来表示，对于有 n 位整数十进制数用加权系数展开式表示，可写为：

$$(N)_{10} = a_{n-1}a_{n-2}\cdots a_1 a_0 = a_{n-1} \times 10^{n-1} + a_{n-2} \times 10^{n-2} + \cdots + a_1 \times 10^1 + a_0 \times 10^0$$

式中，$(N)_{10}$——下标 10 表示十进制数。

如：$(185)_{10} = 1 \times 10^2 + 8 \times 10^1 + 5 \times 10^0$；十进制数的各数位的权为 10 的幂。

（4）十六进制数。

十六进制数有 0~9、A、B、C、D、E、F 这十六个数码，分别对应于十进制数的 0~15。十六进制数按照"逢十六进一""借一当十六"的原则计数，16 是它的基数，各数位的权为 16 的幂。

如：$(3EC)_{16} = (3 \times 16^2 + 14 \times 16^1 + 12 \times 16^0)_{10} = (1\,004)_{10}$

4. 二进制、八进制、十进制、十六进制数的特点及其对应数值

表 4 – 5

数制	特点
二进制数	①二进制的基数是 2 ②二进制数的每一位必定是 0 和 1 两个数码中的一个 ③低位数和相邻高位数之间的进位关系是"逢二进一" ④同一数码在不同的数位代表的权不同，权是 2 的幂
八进制数	①八进制的基数是 8 ②八进制数的每一位必定是 0~7 八个数码中的一个 ③低位数和相邻高位数之间的进位关系是"逢八进一" ④同一数码在不同的数位代表的权不同，权是 8 的幂
十进制数	①十进制的基数是 10 ②十进制数的每一位必定是 0~9 十个数码中的一个 ③低位数和相邻高位数之间的进位关系是"逢十进一" ④同一数码在不同的数位代表的权不同，权是 10 的幂
十六进制数	①十六进制的基数是 16 ②十六进制数的每一位必定是 0~15 十六个数码中的一个 ③低位数和相邻高位数之间的进位关系是"逢十六进一" ④同一数码在不同的数位代表的权不同，权是 16 的幂

表 4 – 6

二进制数	八进制数	十进制数	十六进制数
0000	0	0	0
0001	1	1	1
0010	2	2	2
0011	3	3	3

（续上表）

二进制数	八进制数	十进制数	十六进制数
0100	4	4	4
0101	5	5	5
0110	6	6	6
0111	7	7	7
1000	8	10	8
1001	9	11	9
1010	12	10	A
1011	13	11	B
1100	14	12	C
1101	15	13	D
1110	16	14	E
1111	17	15	F

5. 数制间的转换关系

（1）二进制数转换为十进制数。

将二进制数按权位展开，然后各项相加，就得到相应的十进制数。

例 4 - 7　将二进制数 10011 转换成十进制数。

解：$(10011)_2 = (1 \times 2^4 + 0 \times 2^3 + 0 \times 2^2 + 1 \times 2^1 + 1 \times 2^0)_{10} = (19)_{10}$

（2）十进制数转换为二进制数。

十进制整数转换为二进制采用"除2取余，逆序排列"法，用2去除十进制整数，可以得到一个商和余数；再用2去除商，又会得到一个商和余数。如此进行，直到商为零时为止；然后把先得到的余数作为二进制数的低位有效位，后得到的余数作为二进制数的高位有效位，依次排列起来。

例 4 - 8　将 $(11)_{10}$ 转换成二进制数。

解：

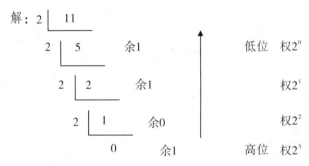

所以 $(11)_{10} = (1011)_2$

（3）十进制数转换成八进制或十六进制数时，可先转换成二进制数，然后再转换成八进制或十六进制数比较简单。

例：将 $(44.375)_{10}$ 分别转换成八进制和十六进制数。

$(44.375)_{10} = (101100.011)_2$，直接转换。

①二进制数转换为八进制数：将二进制数由小数点开始，整数部分向左，小数部分向右，每 3 位分成一组，不够 3 位补零，则每组二进制数便对应一位八进制数。

$$\left| 1\,0\,1 \,\middle|\, 1\,0\,0 \,\right|.\,0\,1\,1 \,\middle|\, = (54.3)_8$$

②八进制数转换为二进制数：将每位八进制数用 3 位二进制数表示。

$$(374.26)_8 = (\left| 0\,1\,1 \,\middle|\, 1\,1\,1 \,\middle|\, 1\,0\,0 \,\right|.\,0\,1\,0 \,\middle|\, 1\,1\,0)_2$$

例：将 $(44.375)_{10} = (101100.011)_2$ 转换成十六进制数。

③二进制数转换为十六进制数：将二进制数由小数点开始，整数部分向左，小数部分向右，每 4 位分成一组，不够 4 位补零，则每组二进制数便对应一位十六进制数。

$$\left| 0\,0\,1\,0 \,\middle|\, 1\,1\,0\,0 \,\right|.\,0\,1\,1\,0 \,\middle|\, = (2C.6)_{16}$$

④十六进制数转换为二进制数：将每位十六进制数用 4 位二进制数表示。

$$(37A.6)_{16} = (\left| 0\,0\,1\,1 \,\middle|\, 0\,1\,1\,1 \,\middle|\, 1\,0\,1\,0 \,\right|.\,0\,1\,1\,0 \,\middle|\,)_2$$

任意进制的数若要转换成十进制数，均可采用按位权展开后求和的方式进行。

$$(3A.6)_{16} = 3 \times 16^1 + 10 \times 16^0 + 6 \times 16^{-1} = (58.375)_{10}$$

$$(72.3)_8 = 7 \times 8^1 + 2 \times 8^0 + 3 \times 8^{-1} = (58.375)_{10}$$

二、码制与编码

1. 码制

用以表示十进制数码、字母、符号等信息的一定位数的二进制数称为代码。

二—十进制代码：用 4 位二进制数 $b_3b_2b_1b_0$ 来表示十进制数中的 0～9 十个数码，简称 BCD 码。

用四位自然二进制数码中的前 10 个数码来表示十进制数码，让各位的权值依次为 8、4、2、1，称为 8421BCD 码。

其余码制还有 2421 码，其权值依次为 2、4、2、1；余 3 码，由 8421BCD 码每个代码加 0011 得到。格雷码是一种循环码，其特点是任意相邻的两个数码，仅有一位代码不同，其他位相同。

2. 编码

编码是用数字代码表示文字、符号、图形等非数字信息的特定对象的过程。用二进制代码表示有关对象的过程叫作二进制编码。

计算机及数字仪表等数字电路只能接收和处理 0 和 1 这两个数字信息,都采用二进制数码,而实际生活中常用的是十进制数码。因此,在数字电路中,常用一组四位二进制数码来表示一位十进制数,这种编码方法称作二—十进制代码,亦称 BCD 码。8421 码是最常见的一种 BCD 码。

3. 常用的 BCD 码

表 4 - 7

种类			
十进制	8421 码	2421 码	余 3 码
0	0000	0000	0011
1	0001	0001	0100
2	0010	0010	0101
3	0011	0011	0110
4	0100	0100	0111
5	0101	1011	1000
6	0110	1100	1001
7	0111	1101	1010
8	1000	1110	1011
9	1001	1111	1100
权	23222120	21222120	无权

表 4 - 8

十进制	8421 码
0	0000
1	0001
2	0010
3	0011
4	0100
5	0101
6	0110
7	0111
8	1000
9	1001
位权	8421

从表 4-8 中可看出 8421BCD 码是用四位二进制数的前十位来表示一个等值的对应十进制数。必须注意 8421BCD 码和二进制数所表示的多位十进制的方法不同。

例 4-9　将十进制数 93 分别用 8421BCD 码和二进制数来表示。

解：十进制　　　　　9　　　　3

　　8421 码　　　1001　　　0011

即 $(93)_{10} = (10010011)_{8421}$

而 $(93)_{10} = (1011101)_2$

三、基本逻辑关系

（一）逻辑关系概述

日常生活中我们会遇到很多结果完全对立而又相互依存的事件，如开关的通断、电位的高低、信号的有无、工作和休息等，显然这些都可以用二值变量的逻辑关系来表示。

事件发生的条件与结果之间应遵循的规律称为逻辑。一般来讲，事件的发生条件与产生的结果均为有限个状态，每一个和结果有关的条件都有满足或不满足的可能，在逻辑中可以用"1"或"0"表示。显然，逻辑关系中的 1 和 0 并不是体现数值的大小，而是体现某种逻辑的状态。

如果我们在逻辑关系中用"1"表示高电平，"0"表示低电平，就是正逻辑；如果用"1"表示低电平，"0"表示高电平，则为负逻辑。本书不加特殊说明均采用正逻辑。

基本的逻辑关系有"与"逻辑、"或"逻辑和"非"逻辑三种，任何一个复杂的逻辑关系都可以用这三种基本逻辑关系表示出来。

（二）基本逻辑器件及其工作状态

数字电路中用到的主要元件是开关元件，如二极管、双极型三极管和单极型 MOS 管等。

二极管正向导通或三极管处饱和状态时，管子对电流呈现的电阻近似为零，可视为接通的电子开关。

二极管反向阻断或三极管处截止状态时，管子对电流呈现的电阻近似无穷大，又可看作是断开的电子开关。

数字电路正是利用了二极管、三极管和 MOS 管的上述开关特性进行工作，从而实现了各种逻辑关系。显然，由这些晶体管子构成的开关元件上只有通、断两种状态。若把"通"态用数字"1"表示，把"断"态用数字"0"表示时，则这些开关元件仅有"0"

和"1"两种取值，这种二值变量也称为逻辑变量。因此，由开关元件构成的数字电路又称为逻辑电路。

（三）逻辑函数的表示法

1. 逻辑函数

若输入逻辑变量 A，B，C，…取值确定后，输出逻辑变量 Y 的值也随之确定，这时则称 Y 是 A，B，C，…的逻辑函数，记作 $Y = F$（A，B，C，…）

2. 逻辑函数的表示方法

逻辑函数的表示方法：逻辑表达式、真值表、逻辑图、波形图、卡诺图。

（1）逻辑表达式。

把输出与输入之间的逻辑关系写成与、或、非三种运算组合起来的表达式，称为逻辑函数表达式。

（2）真值表。

将输入逻辑变量的各种取值对应的输出值找出来，列成表格，称为真值表。

（3）逻辑图。

将逻辑函数中各变量之间的与、或、非等逻辑关系用图形符号表示出来，就可以画出表示函数关系的逻辑图。

（4）波形图。

把一个逻辑电路的输入变量的波形和输出变量的波形，依时间顺序画出来的图称为波形图。它是由输入变量的所有可能取值组合的高、低电平及其对应的输出函数值的高、低电平所构成的图形。

（5）卡诺图。

将逻辑函数真值表中的各行排列成矩阵形式，在矩阵的左方和上方按照格雷码的顺序写上输入变量的取值，在矩阵的各个小方格内填入输入变量各组取值所对应的输出函数值，这样构成的图形就是卡诺图。

四、基本逻辑门电路

（一）门电路概述

数字电路实现的是逻辑关系。所谓"逻辑"是指事物的条件或原因与结果之间的关系。如果把数字电路的输入信号视为"条件"，输出信号视为"结果"，那么数字电路的输入与输出信号之间就存在着一定的因果关系（即逻辑关系），能实现一定逻辑功能的数字电路称为逻辑门电路（简称门电路）。

门电路一般有多个输入端和一个输出端，如图4-60所示。

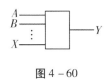

图4-60

门电路在输入信号满足一定的条件后，电路开启处理信号产生信号输出；相反，若输入信号不满足条件，则门电路关闭没有信号输出，这就好像一扇门的开启需要满足一定的条件一样。门电路的特点是某时刻的输出信号完全取决于即时的输入信号，即没有存储和记忆信息功能。

在逻辑关系中输入、输出变量电平的高低一般用"0"和"1"两个二进制数码表示。如果用"1"表示高电平，"0"表示低电平，则称为正逻辑；反之则称为负逻辑。若无特殊说明，一般均采用正逻辑。

（二）基本逻辑门电路

1. 与门电路

（1）"与"逻辑关系。

只有决定某事件成立（或发生）的诸原因（或条件）都具备，事件才发生；而只要其中一个条件不具备，事件就不能发生。这种逻辑关系称为"与"逻辑关系。

如图4-61所示电路，只有两个开关A和B都闭合，电灯才能亮；只要有一个开关未闭合，电灯就不会亮。这两个开关闭合（条件）与电灯亮（结果）之间就构成了"与"逻辑关系。

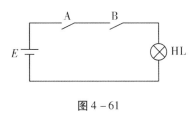

图4-61

如果用"1"表示开关闭合，灯亮；用"0"表示开关断开，灯不亮。将条件与结果之间的逻辑关系列于表4-9中，这种反映逻辑关系的表格称为"真值表"。

表4-9

A	B	Y
0	0	0
0	1	0
1	0	0
1	1	1

由表4-9可看出"与"逻辑关系为"有0出0，全1出1"。

（2）与门电路符号。

图4-62所示为两个输入端的与门电路逻辑符号。

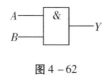

图4-62

（3）逻辑表达式。

与门电路的逻辑表达式为：$Y = A \cdot B = AB$

2. 或门电路

（1）"或"逻辑关系。

如果决定某事件成立（或发生）的诸原因（或条件）中，只需要具备其中一个条件，事件就会发生；只有所有的条件均不具备时，事件才不能发生。这种逻辑关系称为"或"逻辑关系。

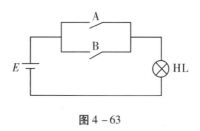

图4-63

如图4-63所示电路，只要两个开关 A 或 B 闭合，电灯就会亮；只有全部开关都断开，电灯才不会亮。这两个开关闭合（条件）与电灯亮（结果）之间就构成了"或"逻辑关系。"或"逻辑的真值表见表4-10。

表 4 – 10

A	B	Y
0	0	0
0	1	1
1	0	1
1	1	1

由表 4 – 10 可看出"或"逻辑关系为"有 1 出 1，全 0 出 0"。

（2）或门电路符号。

图 4 – 64 所示为两个输入端的或门电路逻辑符号。

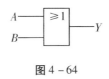

图 4 – 64

（3）逻辑表达式。

或门电路的逻辑表达式为：$Y = A + B$。

3. 非门电路

（1）"非"逻辑关系。

如果决定某事件成立（或发生）的原因（或条件）只有一个，该条件具备，事件就不发生；该条件不具备，事件就发生。这种逻辑关系称为"非"逻辑关系。

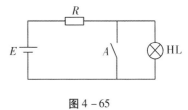

图 4 – 65

如图 4 – 65 所示电路，开关 A 闭合，电灯就不亮；开关 A 断开，电灯就亮。这一个开关闭合（条件）与电灯亮（结果）之间就构成了"非"逻辑关系。"非"逻辑的真值表见表 4 – 11。

表 4 – 11

A	Y
0	1
1	0

由表 4 – 11 可看出"非"逻辑关系为"有 1 出 0，有 0 出 1"。

（2）非门电路符号。

图 4-66 所示为非门电路逻辑符号，可见非门电路只有一个输入端 A 和一个输出端 Y。

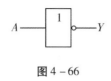

图 4-66

（3）逻辑表达式。

非门电路的逻辑表达式为：$Y = \overline{A}$。

（三）复合逻辑门电路

用上述三种基本的逻辑门电路就可以组合成复合逻辑门电路，常用的复合逻辑门电路有与非门、或非门和与或非门。

1. 与非门

与非逻辑是由一个与逻辑和一个非逻辑连接构成的，其中与逻辑输出作为非逻辑输入。如图 4-67 所示为与非逻辑结构及图形符号。

与非逻辑表达式为：$Y = \overline{AB}$，与非逻辑真值表见表 4-12。可见，与非逻辑具有"全 1 出 0，有 0 出 1"的特点。

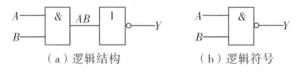

（a）逻辑结构　　　　（b）逻辑符号

图 4-67

表 4-12

A	B	Y
0	0	1
0	1	1
1	0	1
1	1	0

2. 或非门

或逻辑和一个非逻辑连接起来就可以构成一个或非逻辑，其中或逻辑输出作为非逻辑输入。如图 4 – 68 所示为或非逻辑结构及图形符号。

或非逻辑表达式为：$Y = \overline{A + B}$，或非逻辑真值表见表 4 – 13。可见，或非逻辑具有"全 0 出 1，有 1 出 0"的特点。

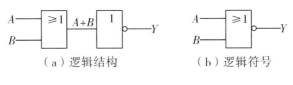

（a）逻辑结构　　　　（b）逻辑符号

图 4 – 68

表 4 – 13

A	B	Y
0	0	1
0	1	0
1	0	0
1	1	0

3. 与或非门

与或非逻辑是由两个与逻辑和一个或逻辑及一个非逻辑连接构成的，其中与逻辑的输出作为或逻辑的输入，或逻辑的输出作为非逻辑的输入。如图 4 – 69 所示为与或非逻辑结构及图形符号。

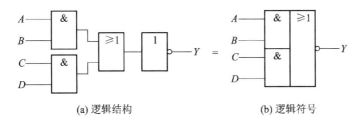

(a) 逻辑结构　　　　(b) 逻辑符号

图 4 – 69

与或非逻辑表达式为：$Y = \overline{AB + CD}$，与或非逻辑真值表见表 4 – 14，由表可见与或非逻辑具有以下特点：

①当任一组与门的输入全为高电平时，输出为低电平；

②当每一组与门的输入均为低电平时，输出为高电平。

表 4 – 14

A	B	C	D	Y
0	0	0	0	1
0	0	0	1	1
0	0	1	0	1
0	0	1	1	0
0	1	0	0	1
0	1	0	1	1
0	1	1	0	1
0	1	1	1	0
1	0	0	0	1
1	0	0	1	1
1	0	1	0	1
1	0	1	1	0
1	1	0	0	0
1	1	0	1	0
1	1	1	0	0
1	1	1	1	0

（四）组合逻辑电路的分析设计

在数字系统中，根据逻辑功能的不同，数字电路分为组合逻辑电路和时序逻辑电路两大类。若一个数字逻辑电路在某一时刻的输出，仅仅取决于这一时刻的输入状态，而与电路原来的状态无关，则该电路称为组合逻辑电路。

1. 组合逻辑电路的结构特点

（1）只能由门电路组成。

（2）电路的输入与输出无反馈路径。

（3）电路中不包含记忆单元。

所谓组合逻辑电路的分析就是根据已知的组合逻辑电路，确定其输入与输出之间的逻辑关系，验证和说明该电路逻辑功能的过程。所谓设计就是根据给定的功能要求，求出实现该功能的最简单的组合逻辑电路。

2. 组合逻辑电路的分析步骤

（1）根据给定逻辑电路图，写出逻辑函数表达式。

（2）化简逻辑函数表达式。

（3）根据最简逻辑函数表达式列出真值表，分析电路的逻辑功能。

例 4 - 10　试说明下图所示组合逻辑电路的功能。

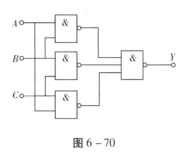

图 6 - 70

解：（1）写出输出端的逻辑函数表达式。

$$Y = \overline{\overline{AB} \ \overline{BC} \ \overline{AC}}$$

（2）化简逻辑函数表达式。

$$Y = AB + BC + CA$$

（3）列出真值表。

$A \ B \ C$	B	$A \ B \ C$	Y
0　0　0	0	1　0　0	0
0　0　1	0	1　0　1	1
0　1　0	0	1　1　0	1
0　1　1	1	1　1　1	1

（4）由真值表可知，当输入 A、B、C 中有 2 个或 3 个为 1 时，输出 Y 为 1，否则输出 Y 为 0。所以该电路实际上是一种 3 人表决用逻辑电路：只要有 2 票或 3 票同意，表决就通过。

3. 组合逻辑电路的设计方法

（1）分析实际问题，根据要求确定输入、输出变量，分析它们之间的关系，将实际问题转化为逻辑问题，确定逻辑变量并赋值。通过确定什么情况下为 1，什么情况下是 0，从而建立正确的逻辑关系。

（2）列真值表。根据逻辑功能的描述列真值表。

（3）由真值表写出逻辑表达式（写出函数最小项之和的标准式）并化简。

（4）根据最简逻辑表达式，画出相应的逻辑图。

例 4 - 11　设计一个楼上、楼下开关的控制逻辑电路来控制楼梯上的路灯，使之在上楼前用楼下开关打开电灯，上楼后用楼上开关关灭电灯；或者在下楼前用楼上开关打开电灯，下楼后用楼下开关关灭电灯。

解：（1）确定输入输出量。

设楼上开关为 A，楼下开关为 B，灯泡为 F；并设开关 A、B 掷向上方时为 1，掷向下方时为 0；灯亮时 F 为 1，灯灭时 F 为 0。

（2）根据逻辑要求列出真值表。

A	B	F
0	0	1
0	1	0
1	0	0
1	1	1

（3）写出输出端的逻辑函数表达式。

$$F = \overline{A}\overline{B} + AB$$

（4）画出对应逻辑图。

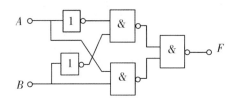

化简逻辑函数表达式为：

$$F = \overline{A + B}$$

对应逻辑图等效变换为：

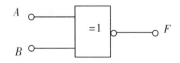

▶▶ 任务小结 ▶▶

（1）模拟信号：在时间上和数值上均为连续变化的信号。

（2）模拟电路：处理模拟信号的电路，如整流电路、放大电路等。

（3）模拟电路中，三极管通常工作在放大区；在数字电路中，三极管一般工作在截止区和饱和区，起开关的作用。

（4）数字信号：不随时间连续变化的信号，或者说其信号在数值上、在出现的时间上是断续的信号。无论是尖峰波、矩形波、锯齿波，还是阶梯波信号，它们都是突变信号，持续时间短暂，因此数字信号也称作脉冲信号。

（5）数字电路：处理数字信号的电路。处理输入、输出信号之间的逻辑关系，所以也称为逻辑电路。

（6）数码：能表示物理量大小的数字符号。在数字电子技术中，数字信号只取 0 和 1 两个基本数码，反映在电路中可对应为低电平与高电平两种状态。

（7）数制：计数制的简称，表示多位数码中每一位的构成方法，以及从低位到高位的进制规则。

（8）权：每种数制中，数码处于不同位置（即不同的数位），所代表的数量的含义各异。各数位上数码表示的数量等于该数码与相应数位的权之乘积。权即与相应数位的数码相乘从而得到该数码实际代表的数量的数。

（9）数制的表示方法有：二进制、八进制、十进制、十六进制数。

（10）二进制数：只有 0 和 1 两个数码，按"逢二进一""借一当二"的原则计数，2 是它的基数。二进制的各数位的权为 2 的幂。

（11）十六进制数：有 0 ~ 9、A、B、C、D、E、F 这十六个数码，分别对应于十进制数的 0 ~ 15。十六进制数按照"逢十六进一""借一当十六"的原则计数，16 是它的基数，各数位的权为 16 的幂。

（12）二进制数转换为十进制数：将二进制数按权位展开，然后各项相加，就得到相应的十进制数。

（13）十进制数转换为二进制数：采用"除 2 取余，逆序排列"法，用 2 去除十进制整数，可以得到一个商和余数；再用 2 去除商，又会得到一个商和余数。如此进行，直到商为零时为止，然后把先得到的余数作为二进制数的低位有效位，后得到的余数作为二进制数的高位有效位，依次排列起来。

（14）编码：是用数字代码表示文字、符号、图形等非数字信息的特定对象的过程。用二进制代码表示有关对象的过程叫作二进制编码。

（15）逻辑：是指事物的条件或原因与结果之间的关系。如果把数字电路的输入信号视为"条件"，输出信号视为"结果"，那么数字电路的输入与输出信号之间就存在着一定的因果关系（即逻辑关系），能实现一定逻辑功能的数字电路称为逻辑门电路（简称门电路）。

（16）基本的逻辑关系有三种："与"逻辑、"或"逻辑和"非"逻辑。

（17）"与"逻辑关系表示为"$Y = A \cdot B = AB$"："有 0 出 0，全 1 出 1"。

（18）"或"逻辑关系表示为"$Y = A + B$"："有 1 出 1，全 0 出 0"。

（19）"非"逻辑关系表示为 $Y = \overline{A}$：$"有1出0，有0出1"$。

（20）"与非"逻辑表达式为 $"Y = \overline{AB}"$：$"全1出0，有0出1"$。

（21）"或非"逻辑表达式为 $"Y = \overline{A+B}"$：$"全0出1，有1出0"$。

（22）"与或非"逻辑表达式为 $"Y = \overline{AB+CD}"$：

①当任一组与门的输入全为高电平时，输出为低电平；

②当每一组与门的输入均为低电平时，输出为高电平。

【知识拓展】

一、四位循环格雷码

十进制数	循环格雷码	十进制数	循环格雷码
0	0000	8	1100
1	0001	9	1101
2	0011	10	1111
3	0010	11	1110
4	0110	12	1010
5	0111	13	1011
6	0101	14	1001
7	0100	15	1000

四位循环格雷码：头两位分别是 00→01→11→10，末两位分别两两对应为：10→11→01→00，相邻两个代码之间仅有一位不同，且具有"反射性"。

二、数的原码、反码和补码

实际生活中表示数的时候，一般都在正数前面加一个"＋"号，负数前面加一个"－"号。但是，在数字设备中，机器是不认识这些的，我们就把"＋"号用"0"表示，"－"号用"1"表示，即把符号数字化。

在计算机中，数据是以补码的形式存储的，所以补码在计算机语言的教学中有比较重要的地位，而讲解补码必须涉及原码、反码。原码、反码和补码是把符号位和数值位一起编码的表示方法，也是机器中数的表示方法，这样表示的"数"便于机器的识别和运算。

1. 数的原码

原码的最高位是符号位，数值部分为原数的绝对值，一般机器码的后面加字母 B。

十进制数（+7）10 用原码表示时，可写作：$[+7]_原 = 0\ 0000111$ B。

其中左起第一个"0"表示符号位"+"，字母 B 表示机器码，中间 7 位二进制数码表示机器数的数值。

$[+0]_原 = 0\ 0000000$ B　　　$[-0]_原 = 1\ 0000000$ B

$[+127]_原 = 0\ 1111111$ B　$[-127]_原 = 1\ 1111111$ B

显然，8 位二进制原码的表示范围：-127 ~ +127。

2. 数的反码

正数的反码与其原码相同，负数的反码是对其原码逐位取反所得，在取反时注意符号位不能变。

十进制数（+7）10 用反码表示时，可写作：$[+7]_反 = 0\ 0000111$ B。

（-7）10 用反码表示时，除符号位外各位取反得：$[-7]_反 = 1\ 1111000$ B。

反码的数"0"也有两种形式：

$[+0]_反 = 0\ 0000000$ B　　　　$[-0]_原 = 1\ 1111111$ B

反码的最大数值和最小数值分别为：

$[+127]_反 = 0\ 1111111$ B　　　$[-127]_反 = 1\ 0000000$ B

显然，8 位二进制反码的表示范围也是：-127 ~ +127。

3. 数的补码

正数的补码与其原码相同，负的补码是在其反码的末位加 1，符号位不变。

十进制数（+7）10 用补码表示时，可写作：$[+7]_补 = 0\ 0000111$ B。

（-7）10 用补码表示时，各位取反在末位加 1 得：$[-7]_补 = 1\ 1111001$ B。

补码的数"0"只有一种形式：$[0]_补 = 0\ 0000000$ B

补码的最大数值和最小数值分别为：

$[+127]_补 = 0\ 1111111$ B　　　　$[-128]_补 = 1\ 0000001$ B

显然，8 位二进制补码的表示范围也是：-127 ~ +127。

4. 原码、反码和补码之间的相互转换

由于正数的原码、反码和补码表示方法相同，因此不需要转换，只有负数之间存在转换的问题，所以我们仅以负数情况进行分析。

求原码 $[X]_原 = 1\ 1011010$ B 的反码和补码。

反码在其原码的基础上取反，即 $[X]_反 = 1\ 0100101$ B

补码则在反码基础上末位加 1，即 $[X]_{补} = 1\,0100110\,B$

已知补码 $[X]_{补} = 1\,1101110\,B$，求其原码。

按照求负数补码的逆过程，数值部分应是最低位减 1，然后取反。但是对二进制数来说，先减 1 后取反和先取反后加 1 得到的结果是一样的，因此我们仍可采用取反加 1 的方法求其补码的原码，即 $[X]_{原} = 1\,0010010\,B$。

三、集成门电路

集成门电路按内部有源器件的不同可分为两大类：一类为双极型晶体管集成电路，主要有晶体管 TTL 逻辑、射极耦合逻辑 ECL 和集成注入逻辑 I2L 等几种类型；另一类为单极型 MOS 集成电路，包括 NMOS、PMOS 和 CMOS 等几种类型。常用的是 TTL 和 CMOS 集成电路。

1. TTL 集成逻辑门电路

TTL 集成逻辑门电路是三极管—三极管逻辑门电路的简称，是一种双极型集成电路，与分立元件相比，具有速度快、可靠性高和微型化等优点。TTL 集成电路产品型号较多，国外型号常见的有美国德克萨斯 SN54/74 系列和摩托罗拉公司 MC54/74 系列产品，其由于生产工艺成熟、产品参数稳定、工作可靠、开关速度快而被广泛应用。国外生产的 TTL 集成电路只要型号一致，则其功能、性能、引脚排列和封装形式就能统一。部分常用中小规模 TTL 门电路的型号及功能如下表所示。下图所示是 74LS00 及 74LS10 管脚排列示意图。

型号	逻辑功能
74LS00	四 – 2 输入与非门
74LS10	三 – 3 输入与非门
74LS20	二 – 4 输入与非门
74LS30	8 输入与非门

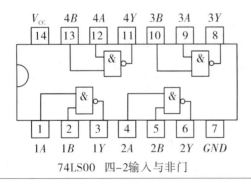

74LS00 四–2 输入与非门

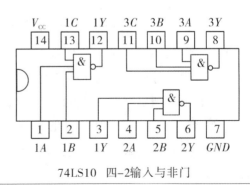

74LS10 四–2 输入与非门

标准型 TTL 集成门电路，常采用双列直插式封装，对电源电压要求较严，规定值为 5V±10%，最大值不能超过 5.5V。若电源电压值太低，则会对输出的高电平数值造成影响。

2. CMOS 集成逻辑门电路

CMOS 集成逻辑门电路是以金属—氧化物—半导体场效应管为基础的集成门电路，是一种单极型集成电路，常见的型号有 4000/4500 系列，以及引脚可与 TTL 集成 54/74 系列相容的 54/74HC。CMOS 电路的主要优点是：

（1）微功耗。CMOS 电路静态电流很小，约为纳安数量级。

（2）抗干扰能力很强。输入噪声容限可达到 $V_{DD}/2$。

（3）电源电压范围：多数 CMOS 电路可在 3~18V 的电源电压范围内正常工作。

（4）输入阻抗高。

由于功耗低，CMOS 电路易于实现大规模集成，并广泛应用于由电池供电的设备中，例如手持计算器和数字式万用表等。CMOS 电路的缺点是工作速度比 TTL 电路慢，而且因 CMOS 电路容易产生栅极击穿问题，所以要特别注意以下几点：

①避免静电损失。存放 CMOS 电路不能用塑料袋，要用金属将管脚短接起来或用金属盒屏蔽。工作台应当用金属材料覆盖并应良好接地。焊接时，电烙铁壳应接地。

②多余输入端的处理方法。CMOS 电路的输入阻抗高，易受外界干扰的影响，所以 CMOS 电路的多余输入端不允许悬空。多余输入端应根据逻辑要求或接电源 UDD（与非门、与门），或接地（或非门、或门），或与其他输入端连接。

练习与思考

一、填空题

1. 数字电路中工作信号的变化在时间上和数值上都是＿＿＿＿＿的。数字信号可以用＿＿＿＿和＿＿＿＿表示。

2. 二进制数只使用＿＿＿和＿＿＿两个数码，其计数基数是＿＿＿。

3. 十进制数若用 8421BCD 码表示，则十进制数的每一位数码可用＿＿＿＿＿＿表示，其权值从高位到低位依次为＿＿＿、＿＿＿、＿＿＿、＿＿＿。

4. 逻辑变量和函数的取值有＿＿＿和＿＿＿两种。

5. 逻辑代数三种最基本的逻辑运算是＿＿＿、＿＿＿、＿＿＿。基本逻辑门电路有＿＿＿、＿＿＿、＿＿＿三种。

6. 逻辑函数有＿＿＿、＿＿＿、＿＿＿、＿＿＿、＿＿＿五种表示方法。

7. 要利用 TTL 与非门实现输出线应采用_____，要实现总线结构应采用

_____。

8. 在 TTL 电路中，多余的输入端一般不能用悬空办法处理，这是因为_____。

9. 设计组合逻辑电路原理性电路的程序一般是由以下五个步骤组成，分别是_____

_____、_____、_____、_____、_____。

10. 或非门的逻辑表达式是_____。

二、选择题

1. 十进制数 181 转换为二进制数为（　　　　　　），转化成 8421BCD 码
   为（　　　　　　）。

   A. 10110101　　　　　B. 000110000001　　　　C. 11000001　　　　D. 10100110

2. 与门的输出与输入符合（　　　　）逻辑关系，或门的输出与输入符合（　　　　）
   逻辑关系，与非门的输出与输入符合（　　　　）逻辑关系，或非门的输出与输入
   符合（　　　　）逻辑关系。

   A. 全 0 出 1，有 1 出 0　　　　　　　　B. 有 1 出 1，全 0 出 0

   C. 有 0 出 0，全 1 出 1　　　　　　　　D. 全 1 出 0，有 0 出 1

3. 二输入端的或非门，其输入端为 A、B，输出端为 Y，则其表达式 Y =（　　　）。
   A. AB　　　　　　B. $\overline{AB}$　　　　　　C. $\overline{A+B}$　　　　　　D. $A+B$

4. 二输入端的与非门，其输入端为 A、B，输出端为 Y，则其表达式 Y =（　　　）。
   A. AB　　　　　　B. $\overline{AB}$　　　　　　C. $\overline{A+B}$　　　　　　D. $A+B$

三、判断题

（　　）1. 二进制数的进位规则是逢二进一，所以 $1+1=10$。

（　　）2. 如果 $A+B=A+C$，则 $B=C$。

（　　）3. 如果 $A \cdot 0 = B \cdot 1$，则 $A \cdot B = A + B$。

（　　）4. 负逻辑规定：逻辑 1 代表低电平，逻辑 0 代表高电平。

（　　）5. 数字电路中，高电平和低电平表示一定的电压范围，不是一个固定不变的
　　　　　数字。

（　　）6. 在非门电路中，输入为高电平时，输出为低电平。

（　　）7. 与门的输入端有闲置时，应将其接地以确保与门正常工作。

（　　）8. 组合逻辑电路的特点是具有记忆功能。

（　　）9. 或非门的输入端有闲置时，应将其接地以确保或非门正常工作。

四、综合题

1. 将下列二进制数转换成十进制数。

（1）$(1101101)_2$　　（2）$(100001)_2$　　（3）$(1101001)_2$　　（4）$(111)_2$

2. 将下列十进制数转换成二进制数。

（1）$(17)_{10}$　　（2）$(31)_{10}$　　（3）$(25)_{10}$　　（4）$(76)_{10}$

3. 将下列十进制数转换成 8421BCD 码。

（1）$(23)_{10}$　　（2）$(13)_{10}$　　（3）$(56)_{10}$　　（4）$(74)_{10}$

4. 将下列 8421BCD 码转换成十进制数。

（1）$(01110101)_{8421BCD}$　　（2）$(10111101)_{8421BCD}$　　（3）$(10110110)_{8421BCD}$

5. 利用逻辑代数的基本公式和常用公式，化简下列表达式。

$$F = A + \overline{A}BCD + A\,\overline{BC} + BC + \overline{BC}$$

6. 如下图所示，请根据已知条件画出输出波形。

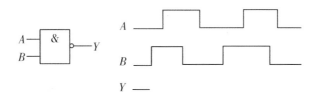

7. 写出下图所示逻辑电路的表达式，并列出该电路的真值表。

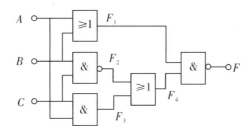

8. 已知逻辑函数 Y 的真值表如下所示，写出 Y 的逻辑函数式。

A	B	C	Y
0	0	0	1
0	0	1	1
0	1	0	1
0	1	1	0
1	0	0	0
1	0	1	0
1	1	0	0
1	1	1	1

9. 列出逻辑函数 $Y = AB + BC + AC$ 的真值表，并画出逻辑图。

10. 已知某逻辑电路的输入、输出相应波形如下图所示，试写出它的真值表和逻辑函数式。

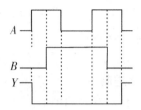

11. 某逻辑函数的真值表如下表所示，试用其他四种方法表示该逻辑函数。

A	B	C	F
0	0	0	0
0	0	1	1
0	1	0	1
0	1	1	0
1	0	0	1
1	0	1	0
1	1	0	0
1	1	1	0

12. 对下图所示逻辑图进行分析。

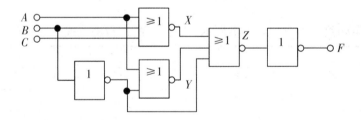

13. 用与非门设计一个举重裁判表决电路。设举重比赛有三个裁判，一个主裁判和两个副裁判。杠铃完全举上的裁决由每一个裁判按一下自己面前的按钮来确定。只有当两个或两个以上裁判判明成功，并且其中有一个为主裁判时，表示成功的灯才亮。

参考答案

一、填空题

1. 断续　高电平　低电平　2. 0　1　2　3. 一组四位二进制码　2^3　2^2　2^1　2^0　4. 0

1　5. 与　或　非　与门　非门　或门；6. 逻辑表达式　真值表　逻辑图　波形图　卡诺

图　7. 集电极开路门（OC门）　三态门（TSL门）　8. 悬空相当于高电平，容易引起电

路误操作　9. 画出真值表　列出逻辑表达式或卡诺图　写出最简与或表达式　进行逻辑

变换　画出逻辑电路图　10. $Y = \overline{A + B}$

二、选择题

1. A　B　2. C　B　D　A　3. C　4. B

三、判断题

1. √　2. ×　3. ×　4. √　5. √　6. √　7. √　8. √　9. ×

四、综合题

1. 解：

（1）109 D　（2）33 D　（3）105 D　（4）13 D

2. 解：

（1）10001 B　（2）11110 B　（3）11001 B　（4）1001100 B

3. 解：

（1）00100011　（2）00010011　（3）01010110　（4）01110100

4. 解：

（1）75　（2）BD　（3）B6

5. 解：

$$F = A + \overline{A}BCD + A\overline{BC} + BC + \overline{BC}$$
$$= A + BC\,(\overline{A}D + 1)\ + A\overline{BC} + \overline{BC}$$
$$= A\,(1 + \overline{BC})\ + BC + \overline{BC}$$
$$= A + C\,(B + \overline{B})$$
$$= A + C$$

6. 解：

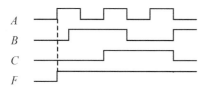

7. 解:

$$F_1 = A + B$$

$$F_2 = \overline{BC}$$

$$F_3 = AC$$

$$F_4 = F_2 + F_3 = \overline{BC} + AC$$

$$F = \overline{F_1 F_4} = \overline{(A + B)\ (\overline{BC} + AC)} = \overline{A + B} = \overline{\overline{BC} + AC}$$

$$= \overline{A}\ \overline{B} + BC\ \overline{AC} = \overline{A}\ \overline{B} + BC\ (\overline{A} + \overline{C})\ = \overline{A}\ \overline{B} + \overline{A}BC$$

8. 解:

$$Y = \overline{A}\ \overline{B}\ \overline{C} + \overline{A}\ \overline{B}\ C + \overline{A}BC + ABC$$

9. 解:

(1) 真值表　　　　　　　　(2) 逻辑图

A	B	C	F
0	0	0	0
0	0	1	0
0	1	0	0
0	1	1	1
1	0	0	0
1	0	1	1
1	1	0	1
1	1	1	1

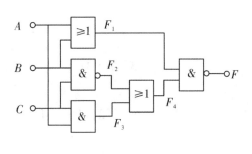

当输入 A、B、C 中有 2 个或 3 个为 1 时,输出 F 为 1,否则输出 F 为 0。所以这个电路实际上是一种 3 人表决用的组合电路:只要有 2 票或 3 票同意,表决就通过。

10. 解:

由波形对应关系,列出真值表如下:

0	0	1
1	0	0
1	1	0
0	1	0

逻辑函数式为:$Y = \overline{A + B}$。

11. 解:

(1) 逻辑表达式:

$$F = \overline{A}\,\overline{B}\,C + \overline{A}B\,\overline{C} + A\,\overline{B}\,\overline{C}$$

（2）

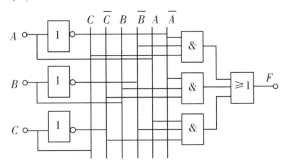

（3）波形图：

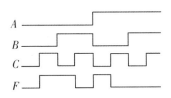

（4）卡诺图：

BC A	00	01	11	10
0	0	1	0	1
1	1	0	0	0

12. 解：

（1）逻辑表达式：

$$X = \overline{A + B + C}$$
$$Y = \overline{A + \overline{B}}$$
$$Z = \overline{X + Y + \overline{B}}$$

$$F = \overline{Z} = \overline{X + Y + \overline{B}} = \overline{\overline{A+B+C} + \overline{A+\overline{B}} + \overline{B}}$$

（2）最简与或表达式：

$$F = \overline{A}\,\overline{B}\,\overline{C} + \overline{A}B + \overline{B} + \overline{A}B + \overline{B} + \overline{A} + \overline{B}$$

（3）真值表：

A	B	C	F
0	0	0	1
0	0	1	1
0	1	0	1
0	1	1	1
1	0	0	1
1	0	1	1
1	1	0	0
1	1	1	0

（4）电路的逻辑功能：

电路的输出 F 只与输入 A、B 有关，而与输入 C 无关。F 和 A、B 的逻辑关系为：A、B 中只要一个为 0，$F=1$；A、B 全为 1 时，$F=0$。所以 F 和 A、B 的逻辑关系为与非运算的关系。

13. 解：

（1）设主裁判为变量 A，副裁判分别为 B 和 C，表示成功与否的灯为 F。根据逻辑要求列出真值表。

A	B	C	F	A	B	C	F
0	0	0	0	1	0	0	0
0	0	1	0	1	0	1	1
0	1	0	0	1	1	0	1
0	1	1	0	1	1	1	1

（2）$F = A\,\overline{B}C \cdot AB\,\overline{C} \cdot ABC$

$\quad = ABC \cdot AB\,\overline{C} \cdot ABC \cdot A\,\overline{B}C$

$\quad = AB\,(C \cdot \overline{C})\ \cdot AC\,(B \cdot \overline{B})$

$\quad = AB \cdot AC$

（3）逻辑变换，得 $F = \overline{\overline{AB} \cdot \overline{AC}}$。

（4）画出逻辑图，得：

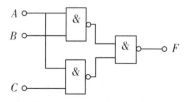

电工电子综合应用

任务 ① 单相调光电路的制作与调试

学习目标 》》

（1）熟练焊接技术。

（2）掌握可控硅等元器件的检测方法。

（3）理解元器件的工艺要求。

（4）理解整体电路的布局要求。

学习内容 》》

一、焊接技术

（一）工具材料

焊接工具在电子产品的安装、焊接中占重要地位。要安装、调试、维修电子电路，手工焊接就是我们的基本功。以下为手工焊接的常用工具。

1. 电烙铁

电烙铁的分类：内热式、外热式，如图 5 – 1 所示。内热式具有发热快、重量轻、效率高等特点，因而在电子电路焊接中得到普遍使用。

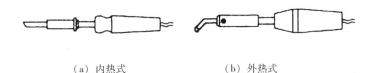

（a）内热式　　　　　（b）外热式

图 5 – 1

2. 焊料

采用锡铅合金。具有熔点低、机械强度高、抗氧化、表面张力小等特点。增大液态流动性有利于焊接时形成可靠接头。

3. 焊剂（助焊剂）

即松香。其作用是去除金属表面氧化物并防止焊接时再次被氧化。为了焊接时方便，采用松脂芯焊丝即焊锡丝。

4. 镊子

有尖嘴镊子和圆嘴镊子两种。尖嘴镊子用于夹持较细的导线，以便于装配焊接；圆嘴镊子用于弯曲元器件引线和夹持元器件焊接。用镊子夹持元器件有利于散热。

（二）焊接步骤

焊接步骤如下图所示：

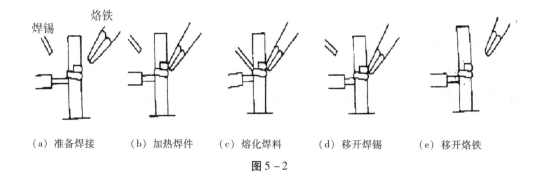

（a）准备焊接　　（b）加热焊件　　（c）熔化焊料　　（d）移开焊锡　　（e）移开烙铁

图 5 - 2

1. 准备焊接

把焊件、锡丝和烙铁准备好。烙铁头应保持干净，并上锡。

2. 加热焊件

把烙铁头放在接线端子和引线进行加热，应注意加热整个焊件全体。例如图 5 - 2（b）中的导线和接线都要均匀受热。

3. 熔化焊料

当焊件达到一定温度后，立即将手中的锡丝触到被焊件上使之熔化适量的焊料。注意焊锡应加到被焊件上的与烙铁头对称的一侧，而不是直接加在烙铁头上。

4. 移开焊锡

当锡丝熔化到一定量后（焊料不能太多），迅速移开焊丝。

5. 移开烙铁

当焊料扩散范围达到要求后，即焊锡浸润焊盘或焊件的施焊部位后移开电烙铁。撤离的速度与焊接质量有密切关系，操作时注意体会。

（三）焊接注意事项

（1）掌握好加热时间。在保证焊料润湿焊件的前提下时间越短越好。

（2）保持适当的温度。保持烙铁头在合适的温度范围，一般经验是烙铁头的温度比焊料熔化温度高 50℃ 较为适宜。

（3）用烙铁头对焊点加力加热是错误的，这样会造成焊件损坏。

二、晶闸管的识别与检测

1. 单向晶闸管的结构与符号

晶体闸流管又名可控硅，简称晶闸管，是在晶体管基础上发展起来的一种大功率半导体器件。它的出现使半导体器件由弱电领域扩展到强电领域。晶闸管也像半导体二极管那样具有单向导电性，但它的导通时间是可控的，主要用于整流、逆变、调压及开关等方面。

晶闸管外形如图 5-3 所示，有小型塑封型（小功率）、平面型（中功率）和螺栓型（中、大功率）几种。单向晶闸管的内部结构如图 5-4（a）所示，它是由 PNPN 四层半导体材料构成的三端半导体器件，三个引出端分别为阳极 A、阴极 K 和门极 G。单向晶闸管的阳极与阴极之间具有单向导电的性能，其内部可以等效为由一只 PNP 三极管和一只 NPN 三极管组成的复合管，如图 5-4（b）所示。图 5-4（c）是其电路图形符号。

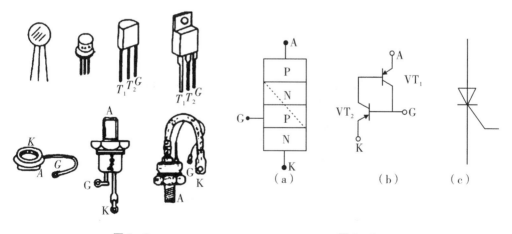

图 5-3   图 5-4

2. 单向晶闸管工作条件测试

晶闸管导通试验如图 5-5 所示:

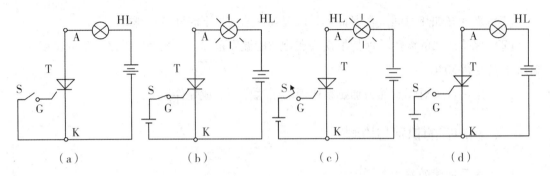

（a）　　　　　　（b）　　　　　　（c）　　　　　　（d）

图 5-5

表 5-1

可控硅工作原理的测试
任务描述
请按照所组原理图及元器件，制作可控硅测试电路。 要求： 1. 每位同学 1 块电路板。本次电路制作只占用电路板一半，另一半作为下次电路制作使用。 2. 注意元件不要丢失，元件的极性不能接错。 3. 进行通电实验，分析实验结果。 目标： 1. 熟练焊接技术。 2. 掌握相关器件的检测方法。 3. 了解电路布局的工艺要求。 4. 初步认识可控硅。
制作准备
一、电路原理图 　　本次制作的可控硅测试电路如下图（a）所示。（b）图为可控硅 MCR100-6 引脚极性示意图。 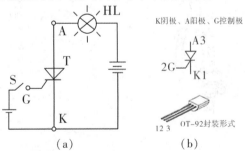 　　　　（a）　　　　　　　　（b）

（续上表）

二、元件明细表			
符号	名称	规格型号	数量（只）
T	单向可控硅	MCR100－6	1
HL	电珠	2.5V　0.3A	1
	直流电源	0～5V 可调	2
	万能电路板		1

三、工具与仪表

在制作电路前应准备好以下仪表与工具：

（1）万用表：识别元器件。

（2）焊接工具：电烙铁、焊锡、镊子等。

四、测试步骤

（1）如下图（a）所示的电路中，晶闸管加正向电压，即晶闸管阳极接电源正极，阴极接电源负极。开关 S 不闭合，观察灯泡的状态。灯＿＿＿＿＿＿（亮、不亮）。

（2）如下图（b）所示的电路中，晶闸管加正向电压，且开关 S 闭合。观察灯泡的状态，灯＿＿＿（亮、不亮）；再将开关打开，如下图（c）灯＿＿＿＿＿＿（亮、不亮）。

（3）如下图（d）所示的电路中，晶闸管加反向电压，即晶闸管阳极接电源负极，阴极接电源正极。将开关闭合，灯＿＿＿＿＿＿（亮、不亮）；开关 S 不闭合，灯＿＿＿＿＿＿（亮、不亮）。

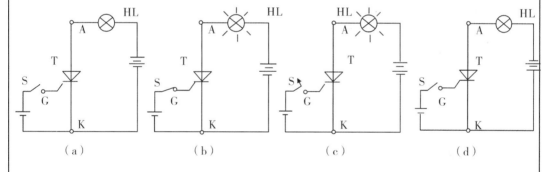

（a）　　　　　　　（b）　　　　　　　（c）　　　　　　　（d）

五、测试结果分析

1. 请说明使用万用表判别可控硅的好坏和引脚极性的步骤。

2. 晶闸管导通必须具备的条件是什么？

3. 晶闸管的工作特性

（1）晶闸管的工作原理。

①正向阻断状态。当晶闸管的阳极 A 和阴极 K 之间加正向电压而控制极不加电压时，管子不导通，称为正向阻断状态。

②触发导通状态。当晶闸管的阳极 A 和阴极 K 之间加正向电压且控制极和阴极之间也加正向电压时，如图 5 - 4（b）所示。若 VT_2 管的基极电流为 I_{B_2}，则其集电极电流为 I_{C_2}；VT_1 管的基极电流 I_{B_1} 等于 VT_2 管的集电极电流 I_{C_2}，因而 VT_1 管的集电极电流 I_{C_1} 为 βI_{C_2}；该电流又作为 VT_2 管的基极电流，再一次进行上述放大过程，形成正反馈。在很短的时间内（一般不超过几微秒），两只管子均进入饱和状态，使晶闸管完全导通，这个过程称为触发导通过程。当它导通后，控制极就失去控制作用，管子依靠内部的正反馈始终维持导通状态。此时阳极和阴极之间的电压一般为 0.6 ~ 1.2V，电源电压几乎全部加在负载电阻上；阳极电流可达几十甚至几千安。

③正向关断。使阳极电流 I_F 减小到小于一定数值 I_H，导致晶闸管不能维持正反馈过程而变为关断，这种关断称为正向关断，I_H 称为维持电流；如果在阳极和阴极之间加反向电压，晶闸管也将关断，这种关断称为反向关断。

因此，晶闸管的导通条件为：在阳极和阴极间加电压，同时在控制极和阴极间加正向触发电压。其关断方法为：减小阳极电流或改变阳极与阴极的极性。

（2）可控硅的简易检测。

①单向可控硅的检测。

万用表选电阻 $R \times 1$ 挡，用红、黑两表笔分别测任意两引脚间正反向电阻直至找出读数为数十欧姆的一对引脚，此时黑表笔的引脚为控制极 G，红表笔的引脚为阴极 K，另一空脚为阳极 A。此时将黑表笔接已判断了的阳极 A，红表笔仍接阴极 K。此时万用表指针应不动。用短线瞬间短接阳极 A 和控制极 G，此时万用表电阻挡指针应向右偏转，阻值读数为 10 欧姆左右。如阳极 A 接黑表笔，阴极 K 接红表笔时，万用表指针发生偏转，说明该单向可控硅已击穿损坏。

用万用表 $R \times 1$ 挡分别测量 A - K、A - G 间正、反向电阻；用 $R \times 1$ 挡测量 G - K 间正、反向电阻，记入下表。

表 5 - 2

R_{AK}（Ω）	R_{KA}（Ω）	R_{AG}（Ω）	R_{GA}（Ω）	R_{GK}（Ω）	R_{KG}（Ω）	结论

②双向可控硅的检测。

万用表选电阻 $R \times 1$ 挡，用红、黑两表笔分别测任意两引脚间正反向电阻，结果其中两组读数为无穷大。若一组为数十欧姆时，该组红、黑表所接的两引脚为第一阳极 A_1 和控制极 G，另一空脚即为第二阳极 A_2。确定 A_1、G 极后，再仔细测量 A_1、G 极间正、反向电阻，读数相对较小的那次测量的黑表笔所接的引脚为第一阳极 A_1，红表笔所接引脚为控制极 G。将黑表笔接已确定的第二阳极 A_2，红表笔接第一阳极 A_1，此时万用表指针不应发生偏转，阻值为无穷大。再用短接线将 A_2、G 极瞬间短接，给 G 极加上正向触发电压，A_2、A_1 间阻值为 10 欧姆左右。随后断开 A_2、G 间短接线，万用表读数应保持 10

欧姆左右。互换红、黑表笔接线，红表笔接第二阳极 A_2，黑表笔接第一阳极 A_1。同样万用表指针应不发生偏转，阻值为无穷大。用短接线将 A_2、G 极间再次瞬间短接，给 G 极加上负的触发电压，A_1、A_2 间的阻值也是 10 欧姆左右。随后断开 A_2、G 极间短接线，万用表读数应不变，保持在 10 欧姆左右。符合以上规律，说明被测双向可控硅未损坏且三个引脚极性判断正确。

检测较大功率可控硅时，需要在黑表笔中串接一节 1.5V 干电池，以提高触发电压。

三、单相可控整流电路

（一）单相半波可控整流电路

1. 电路组成

单相半波可控整流电路如图 5－6（a）所示。它与单相半波整流电路相比较，不同的只是用晶闸管代替了整流二极管。

2. 工作原理

接上电源，在电压 u_2 正半周开始时，如果电路中 a 点为正，b 点为负，对应在图 5－6（b）的 α 角范围内。此时晶闸管 T 两端具有正向电压，但是由于晶闸管的控制极上没有触发电压 u_G，因此晶闸管不能导通。

经过 α 角度后，在晶闸管的控制极上加上触发电压 v_G，如图 5－6（b）所示。晶闸管 T 被触发导通，负载电阻中开始有电流通过，在负载两端出现电压 u_o。在 T 导通期间，晶闸管压降近似为零。

这 α 角称为控制角（又称移相角），是晶闸管阳极从开始承受正向电压到出现触发电压 u_G 之间的角度。改变 α 角度，就能调节输出平均电压的大小。α 角的变化范围称为移相范围，通常要求移相范围越大越好。

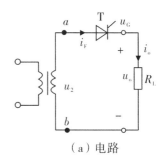

（a）电路

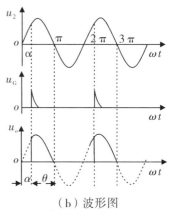

（b）波形图

图 5－6

经过 π 以后，u_2 进入负半周，此时电路 a 端为负，b 端为正，晶闸管 T 两端承受反向电压而截止，所以 $i_o=0$，$u_o=0$。

在第二个周期出现时，重复以上过程。晶闸管导通的角度称为导通角，用 θ 表示。由图 5－6（b）可知，$\theta = \pi - \alpha$。

3. 输出平均电压

当变压器次级电压为 $u_2 = \sqrt{2}\,U_2 \sin\omega t$ 时，负载电阻 R_L 上的直流平均电压可以用控制角 α 表示，即

$$u_2 = 0.45 U_2 \frac{1 + \cos\alpha}{2} \tag{5-1}$$

从式（5-1）看出，当 $\alpha = 0$ 时（ $\theta = \pi$ ），晶闸管在正半周全导通，$U_o = 0.45 U_2$，输出电压最高，相当于不控二极管单相半波整流电压。若 $\alpha = \pi$，$U_o = 0$，这时 $\theta = 0$，晶闸管全关断。

根据欧姆定律，负载电阻 R_L 中的直流平均电流为

$$I_o = \frac{U_o}{R_L} = 0.45 \frac{U_2}{R_L} \cdot \frac{1 + \cos\alpha}{2} \tag{5-2}$$

此电流即为通过晶闸管的平均电流。

例 5-1 在单相半波可控整流电路中，负载电阻为 8Ω，交流电压有效值 $U_2 = 220\mathrm{V}$，控制角 α 的调节范围为 $60° \sim 180°$，求：

（1）直流输出电压的调节范围。

（2）晶闸管中最大的平均电流。

（3）晶闸管两端出现的最大反向电压。

解：（1）控制角为 60° 时，由式（5-1）得出直流输出电压最大值控制角为 180° 时得直流输出电压为零。

$$U_o = 0.45 U_2 \cdot \frac{1 + \cos\alpha}{2} = 0.45 \times 220 \times \frac{1 + \cos 60°}{2} = 74.25\mathrm{V}$$

所以控制角 α 在 $60° \sim 180°$ 范围变化时，相对应的直流输出电压在 $0 \sim 74.25\mathrm{V}$ 调节。

（2）晶闸管最大的平均电流与负载电阻中最大的平均电流相等，由式（5-2）得：

$$I_F = I_o = \frac{U_o}{R_L} = \frac{74.25}{10} = 7.425\mathrm{A}$$

（3）晶闸管两端出现的最大反向电压为变压器次级电压的最大值：

$$U_{FM} = U_{RM} = \sqrt{2}\,U_2 = \sqrt{2} \times 220 = 311\mathrm{V}$$

再考虑到安全系数 $2 \sim 3$ 倍，所以选择额定电压为 600V 以上的晶闸管。

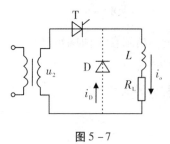

图 5-7

4. 电感性负载和续流二极管

电感性负载可用电感元件 L 和电阻元件 R 串联表示，如图 5-7 所示。晶闸管触发导通时，电感元件中存贮了磁场能量，当 u_2 过零变负时，电感中产生感应电势，晶闸管不能及时关断，造成晶闸管的失控。为了防止这种现象的发生，必须采取相应措施。

通常是在负载两端并联二极管 D（图 5 - 7 虚线）来解决。当交流电压 u_2 过零值变负时，感应电动势 e_L 产生的电流可以通过这个二极管形成回路。因此这个二极管称为续流二极管。这时 D 的两端电压近似为零，晶闸管因承受反向电压而关断。有了续流二极管以后，输出电压 D 的波形就和电阻性负载时一样。

值得注意的是，续流二极管的方向不能接反，否则将引起短路事故。

（二）单相调光电路的工作原理

图 5 - 8 是一个典型的双向可控硅调光器电路，电位器 RP_1 和电阻 R_1 与电容 C_2 构成移相触发网络，当 C_2 的端电压上升到双向触发二极管 VD_1 的阻断电压时，VD_1 击穿，双向可控硅 VT_1 被触发导通，灯泡点亮。调节 RP_1 可改变 C_2 的充电时间常数，可控硅的电压导通角随之改变，也就改变了流过灯泡的电流，结果使得白炽灯的亮度随着电位器的调节而变化。RP_1 上的联动开关在亮度调到最暗时可以关断输入电源，实现调光器的开关控制。

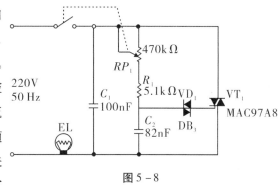

图 5 - 8

（1）可控硅作用。可控硅一旦被触发导通后，将持续导通到交流电压过零时才会截止。可控硅承担着流过白炽灯的工作电流，由于白炽灯在冷态时的电阻值非常低，再考虑到交流电压的峰值，为避免开机时的大电流冲击，选用可控硅时要留有较大的电流余量。

（2）触发电路。触发脉冲应该有足够的幅度和宽度才能使可控硅完全导通，为了保证可控硅在各种条件下均能可靠触发，触发电路所送出的触发电压和电流必须大于可控硅的触发电压 U_{GT} 与触发电流 I_{GT} 的最小值，并且触发脉冲的最小宽度要持续到阳极电流上升到维持电流（即擎住电流 I_L）以上，否则可控硅会因为没有完全导通而重新关断。

（3）保护电阻。R_1 是保护电阻，用来防止 RP_1 调整到零电阻时，过大的电流造成半导体器件的损坏。R_1 太大又会造成可调光范围变小，所以应适当选择。

（4）电位器。小功率调光器一般都选择带开关的电位器，在调光至最小时可以联动切断电源，这种电位器通常分为推动式和旋转式两种。对于功率较大的调光器，由于开关触点通过的电流太大，一般将电位器和开关分开安装，以节省材料成本。考虑到调光特性曲线的要求，一般都选择线性电位器，这种电位器的电阻带是均匀分布的，单位长度的阻值相等，其阻值变化与滑动距离或转角成直线关系。

表 5 - 3

单相调光电路的制作

任务描述

请按照所组原理图及元器件，制作单相调光电路。

要求：

1. 每位同学 1 块电路板。本次电路制作只占用电路板一半，另一半作为下次电路制作使用。

2. 注意元件不要丢失，元件的极性不能接错。

3. 进行通电实验，分析实验结果。

目标：

1. 熟练焊接技术。

2. 掌握相关元器件的检测方法。

3. 了解电路布局的工艺要求。

4. 初步认识可控硅。

制作准备

一、电路原理图

本次制作的电路按下图所示。

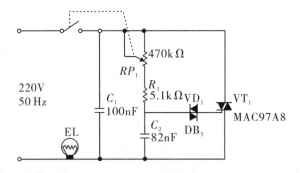

二、元件明细表

符号	名称	规格型号	数量（只）	功能
VT_1	双向可控硅	MAC97A8	1	输出可调的交流脉动电压
VD_1	双向二极管	DB3	1	产生触发电压，使可控硅导通
EL	白炽灯	220V	1	负载；能量转换
C_1	电容	630V ~ 0.01μF	1	高频滤波

（续上表）

C_2	电容	250V ~ 0.082μF	1	移相
R_1	电阻	0.25W ~ 5.1k	1	移相
RP_1	电位器（带开关）	0.5W ~ 510k	1	开关；控制输入电源通断

三、工具与仪表

在制作电路前应准备好以下仪表与工具：

（1）万用表：识别元器件。

（2）焊接工具：电烙铁、焊锡、镊子等。

电路制作

一、元件检测

在电路制作前，应按照原理图与清单中的元件一一对应，并保持所用元器件性能良好。

二、元件布局

使用配套的电路板。

三、焊装元件并构成整体电路

四、电路检查

在焊接好连线后，需要对电路进行检查。检查是保证电路正常工作必不可少的步骤。检查的主要内容包括元器件的参数，极性是否正确，走线是否正确、合理，焊点是否良好等。

总结与评价

1. 总结你在整个任务完成过程中做得好的有什么？还有什么不足？如何改进。

2. 你在整个任务完成过程中出现了哪些问题？如何解决。

表 5 – 4

单相调光电路的测试与分析
任务描述
请对制作好的电路进行测试分析。 要求： 1. 每 1 块电路板一份数据。 2. 小组讨论，对测试的数据进行分析并考虑相关问题。

（续上表）

3. 测试时要注意人身安全和仪表安全。

目标：

1. 理解可控硅的工作原理。

2. 理解可控硅的触发工作原理。

3. 掌握电路测试方法。

4. 掌握使用万用表、示波器的使用方法。

测试准备

一、电路原理图

本次测试的电路按下图所示。

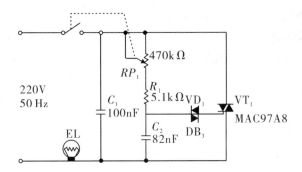

二、工具与仪表

在测试电路之前应准备好以下仪器仪表：

（1）万用表。

（2）示波器。

三、测试知识准备

拟订测试方案：

1. 万用表测试法。

根据电路原理拟定测试点、测试项目和设计测试数据表格。

2. 示波器测试法。

根据电路原理拟定测试点、测试项目和设计测试数据表格。

电路测试

各小组按设计的测试方案进行，并记录和分析测试数据。

安全事项：

1. 在确认元器件焊装无误后，方可通电。

2. 通电时基板带电，须按带电操作规程进行操作，切记注意人身安全。

测试记录：

略。

（续上表）

故障检修参考资料
故障现象：灯不亮。 　　可能原因：灯泡损坏；电源线断；开关失灵；双向二极管短路；双向可控硅开路；C_2 击穿；电路板元件脱焊断线。 　　故障现象：调光不正常。 　　1. 调不到最亮：故障在触发电路。 　　2. 调不到最暗：故障在触发电路。 　　3. 不能调光，始终为最亮。 　　故障原因：双向可控硅 VT_1 被击穿；双向二极管 VD_1 短路；电路 C_2 开路或虚焊等。
总结与评价
1. 总结你在整个任务完成过程中做得好的是什么？还有什么不足？如何改进。   　　2. 你在整个任务完成过程中出现了哪些问题？如何解决。

任务小结 ▶▶

可控整流电路是通过改变控制角的大小来实现调节输出电压大小的目的。因此，可控整流电路也称为相控制整流电路。

任务 ② LM317 稳压集成电路的制作与检测

学习目标 ▶▶

（1）通过可调直流稳压电源的设计，安装与调试学会选择元件。

（2）掌握直流稳压电路的调试及主要指标的测试方法。

学习内容 ▶▶

一、直流稳压电源设计思路

（1）电网供电电压交流 220V（有效值）50Hz，要获得低压直流输出，首先必须采用电源变压器将电网电压降低，获得所需要交流电压。

（2）降压后的交流电压，通过整流电路变成单向直流电，但其幅度变化大（即脉动大）。

（3）脉动大的直流电压须经过滤波电路变成平滑，脉动小的直流电，即将交流成分滤掉，保留其直流成分。

（4）滤波后的直流电压，再通过稳压电路稳压，便可得到基本不受外界影响的稳定直流电压输出，供给负载 RL。

二、直流稳压电源原理

直流稳压电源是一种将 220V 工频交流电转换成稳压输出的直流电压的装置，它需要变压、整流、滤波、稳压四个环节才能完成。直流稳压电源的原理框图和波形变换如图 5–9 所示：

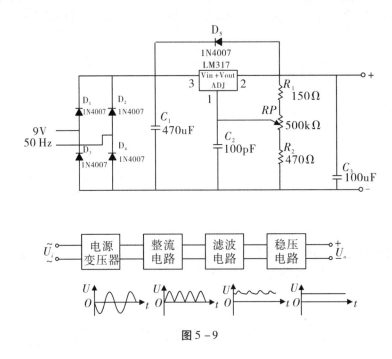

图 5–9

其中：

（1）电源变压器：是降压变压器，它将电网 220V 交流电压变换成符合需要的交流电压，并送给整流电路。变压器的变比由变压器的副边电压确定。

（2）整流电路：利用单向导电元件，把 50Hz 的正弦交流电变换成脉动的直流电。

（3）滤波电路：可以将整流电路输出电压中的交流成分大部分加以滤除，从而得到比较平滑的直流电压。

在设计中，常利用电容器两端的电压不能突变和流过电感器的电流不能突变的特点，将电容器和负载电容并联或电容器与负载电阻串联，以达到使输出波形基本平滑的目的。选择电容滤波电路后，直流输出电压：$U_{o_1} = (1.1 \sim 1.2) U_2$，直流输出电流：$I_{o_1} = \dfrac{I_2}{(1.5 \sim 2)}$（$I_2$ 是变压器副边电流的有效值）。

（4）稳压电路：稳压电路的功能是使输出的直流电压稳定，不随交流电网电压和负载的变化而变化。

经过 C_1 滤波后的比较稳定的直流电送到三端稳压集成电路 LM317 的 Vin 端（3 脚）。LM317 是一种这样的器件：由 Vin 端提供工作电压以后，它便可以保持其 + Vout 端（2 脚）比其 ADJ 端（1 脚）的电压高 1.25V。因此，我们只需要用极小的电流来调整 ADJ 端的电压，便可在 + Vout 端得到比较大的电流输出，并且电压比 ADJ 端高出恒定的 1.25V。我们还可以通过调整 PR_1 的抽头位置来改变输出电压——反、正，LM317 会保证接入 ADJ 端和 + Vout 端的那部分电阻上的电压为 1.25V。所以，可以想到，当抽头向上滑动时，输出电压将会升高。

图中 C_2 的作用是对 LM317 的 1 脚的电压进行小小的滤波，以提高输出电压的质量。图中 D_5 的作用是当有意外情况使得 LM317T 的 3 脚电压比 2 脚电压还低的时候防止从 C_3 上有电流倒灌入 LM317，引起其损坏。

表 5 – 5

LM317 稳压集成电路的制作
任务描述
请按照所组原理图及元器件，制作 LM317 稳压集成电路。 要求： 1. 每位同学 1 块电路板。本次电路制作只占用电路板一半，另一半作为下次电路制作使用。 2. 注意元件不要丢失，元件的极性不能接错。 3. 进行通电实验，分析实验结果。 目标： 1. 熟练焊接技术。 2. 掌握相关元器件的检测方法。 3. 了解电路布局的工艺要求。 4. 初步认识 LM317 稳压集成电路。
制作准备
一、电路原理图 　本次制作的电路按下图所示。

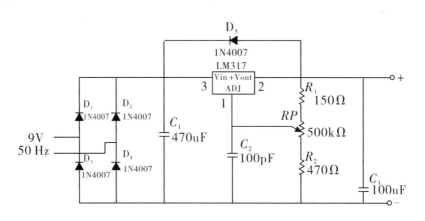

（续上表）

二、元件明细表				
符号	名称	规格型号	数量（只）	功能
$D_1 \sim D_4$	整流二极管	1N4007	4	整流：将交流电变成直流电
D_5	整流二极管	1N4007	1	保护二极管
	集成电路	LM317	1	稳压集成电路
R_1	电阻	150Ω	1	调压
R_2	电阻	470Ω	1	调压
RP	电位器	500kΩ	1	调压

三、工具与仪表

在制作电路前应准备好以下仪表与工具：

（1）万用表：识别元器件。

（2）焊接工具：电烙铁、焊锡、镊子等。

电路制作

一、元件检测

在电路制作前，应按照原理图与清单中的元件一一对应，并保持所用元器件性能良好。

二、元件布局

使用配套的电路板。

三、焊装元件并构成整体电路

四、电路检查

总结与评价

1. 总结你在整个任务完成过程中做得好的是什么？还有什么不足？如何改进。

2. 你在整个任务完成过程中出现了哪些问题？如何解决。

表 5 - 6

LM317 稳压集成电路的测试与分析
任务描述
请对制作好的电路进行测试分析。 要求： 1. 每 1 块电路板一份数据。 2. 小组讨论，对测试的数据进行分析并考虑相关问题。 3. 测试时要注意人身安全和仪表安全。 目标： 1. 理解可控硅的工作原理。 2. 理解可控硅的触发工作原理。 3. 掌握电路测试方法。 4. 掌握使用万用表、示波器的使用方法。

（续上表）

测试准备
一、电路原理图 本次测试的电路如下图所示。 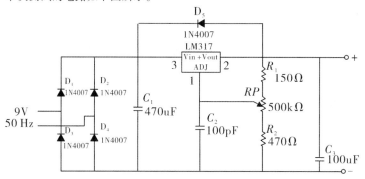 **二、工具与仪表** 在测试电路之前应准备好以下仪器仪表： （1）万用表。 （2）毫伏表。 （3）示波器。 **三、测试知识准备** 拟订测试方案： 1. 测试并记录电路中各环节的输出波形。 2. 测量稳压电源输出电压的调整范围及最大输出电流。 3. 测量稳压系数。 　　用改变输入交流电压的方法，模拟 U_i 的变化，测出对应的输出直流电压的变化，则可算出稳压系数 S_V（用调压器使 220V 交流改变 ±10%，即 $\Delta U_i = 44V$）。 4. 用毫伏表可测量输出直流电压中的交流纹波电压大小，并用示波器观察、记录其波形。 5. 分析测量结果，并讨论提出改进意见。
电路测试
各小组按设计的测试方案进行，并记录和分析测试数据。 安全事项： 1. 在确认元器件焊装无误后，方可通电。 2. 通电时基板带电，须按带电操作规程进行操作，切记注意人身安全。 测试记录： 略。
总结与评价
1. 总结你在整个任务完成过程中做得好的是什么？还有什么不足？如何改进。   2. 你在整个任务完成过程中出现了哪些问题？如何解决。

![任务 3] **三人表决器的制作与调试**

学习目标 ▶▶

（1）对电路图的原理进行分析，并对原理图进行改良。用仿真软件进行仿真调试，掌握电路的工作原理。

（2）熟悉各元件的性能和设置元件的参数。

（3）学会数字逻辑电路的设计方法。

学习内容 ▶▶

通过输入高低电平来控制发光二极管，高低电平的输入通过按键来实现，同意则合上按键输入高电平（5V）表示1，不同意则不合上按键输入低电平（接地）表示0，两人或两人以上同意灯亮，否则不亮。根据这一逻辑事件列出电路真值表，如表5－7所示。

表5－7

A	B	C	Y
不同意	不同意	不同意	不亮
不同意	不同意	同意	不亮
不同意	同意	不同意	不亮
不同意	同意	同意	灯亮
同意	不同意	不同意	不亮
同意	不同意	同意	灯亮
同意	同意	不同意	灯亮
同意	同意	同意	灯亮

根据电路真值表列出逻辑表达式真值表，不同意用0表示，同意用1表示，得逻辑表达式真值表，如表5－8所示。

表5－8

A	B	C	Y
0	0	0	0

（续上表）

A	B	C	Y
0	0	1	0
0	1	0	0
0	1	1	1
1	0	0	0
1	0	1	1
1	1	0	1
1	1	1	1

根据逻辑表达式真值表列出卡诺图，并根据卡诺图求出简化后的逻辑表达式，再由逻辑表达式画出逻辑电路图。

由真值表写出表达式。

$$Y = \overline{A}BC + A\,\overline{B}C + AB\,\overline{C} + ABC$$

卡诺图如下：

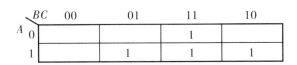

图 5 – 10

用代数法和卡诺图法化简：

$$Y = \overline{A}BC + A\,\overline{B}C + AB\,\overline{C} + ABC$$

$$Y = AB + BC + AC$$

表 5 – 9

三人表决器的制作
任务描述
请按照所组原理图及元器件，制作三人表决器电路。   　要求：   　1. 注意元件不要丢失，注意元件的极性不能接错。   　2. 进行通电实验，分析实验结果。   　目标：   　在理解各种逻辑关系、掌握门电路的逻辑功能和外部特性的基础上，应用相关集成门电路完成三人表决器的电路设计与装调。

（续上表）

制作准备

一、电路原理图

本次制作的电路按下图所示。

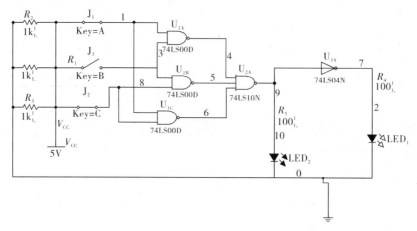

二、元件明细表

符号	名称	规格型号	数量（只）	功能
$R_1 \sim R_3$	电阻	1kΩ	3	限流
$R_4 \sim R_5$	电阻	500Ω	2	限流
$J_1 \sim J_3$	按钮		3	表决
U_1	集成电路	74LS00	1	与非门
U_2	集成电路	74LS10	1	与非门
U_3	集成电路	74LS04	1	反相器

三、工具与仪表

在制作电路前应准备好以下仪表与工具：

（1）万用表：识别元器件。

（2）焊接工具：电烙铁、焊锡、镊子等。

电路制作

一、元件检测

在电路制作前，应按照原理图与清单中的元件一一对应，并保持所用元器件性能良好。

二、元件布局

使用配套的电路板。

三、焊装元件并构成整体电路

四、电路检查

（续上表）

总结与评价
1. 总结你在整个任务完成过程中做得好的是什么？还有什么不足？如何改进。 2. 你在整个任务完成过程中出现了哪些问题？如何解决。

表 5－10

三人表决器电路的测试与分析
任务描述
请对制作好的三人表决器电路进行仿真分析。 要求： 1. 每 1 块电路板一份数据。 2. 小组讨论，对测试的数据进行分析并考虑相关问题。 3. 测试时要注意人身安全和仪表安全。 目标： 1. 熟悉逻辑函数的表示方法与化简方法。 2. 理解晶体管的开关特性。 3. 了解 TTL 门电路的内部机构和工作原理。 4. 掌握 TTL 门电路的基本使用方法。 5. 了解 TTL 工作门电路的基本使用方法。 6. 了解 TTL 电路和 CMOS 电路的基本使用方法。 7. 掌握逻辑门电路的应用。
测试准备
一、电路原理图 本次测试的三人表决器电路测试按下图所示。 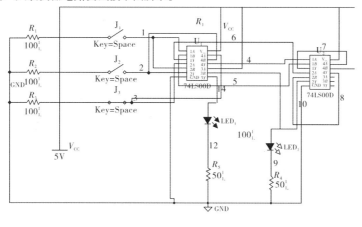

（续上表）

二、工具与仪表
在测试电路之前应准备好以下仪器仪表： （1）万用表。 （2）毫伏表。 三、测试知识准备 拟订测试方案： 1. 在计算机上对电路进行仿真。 2. 按指定的要求进行操作，检查是否符合设计要求。 3. 在各项指标都达到要求时，对电路板进行制作。

电路测试
各小组按设计的测试方案进行，并记录和分析测试数据。 安全事项： 1. 在确认元器件焊装无误后，方可通电。 2. 通电时基板带电，须按带电操作规程进行操作，切记注意人身安全。 测试记录： 略。

总结与评价
1. 总结你在整个任务完成过程中做得好的是什么？还有什么不足？如何改进。   2. 你在整个任务完成过程中出现了哪些问题？如何解决。

参考文献

［1］邵展图．电工基础课教学参考书．北京：中国劳动社会保障出版社，2015.

［2］曾令琴．电工技术基础．北京：人民邮电出版社，2010.

［3］李乃夫．电子技术基础与技能：电气电力类．北京：高等教育出版社，2010.

［4］李乃夫．电工与电子技术．北京：高等教育出版社，2012.

［5］赵承荻，周玲．电工电子技术．北京：高等教育出版社，2007.

［6］胡峥．电子技术基础与技能：电类专业通用．北京：机械工业出版社，2010.

［7］付植桐．电子技术．北京：高等教育出版社，2008.